胶棒滚筒棉花采摘头
工作机理及数字化设计

张宏文　王　磊　毕新胜　著

中国纺织出版社有限公司

内 容 提 要

本书系统地论述了胶棒滚筒棉花采摘头设计方法及理论。结合机采棉基本物理特性，确定了胶棒滚筒关键工作部件的主要结构参数，建立采摘头关键工作部件运动学方程，运用三维数字化设计方法，建立了胶棒滚筒棉花采摘头数字化模型，运用仿真软件Adams对胶棒滚筒关键工作部件进行了运动学、动力学仿真。搭建了胶棒滚筒采摘过程高速摄像实验平台，通过对采摘过程的高速摄像分析，确定了胶棒滚筒棉花采摘机理及采摘过程中杂质形成机理。最后，以胶棒滚筒棉花采摘头为采摘部件进行了田间实验，实验表明，其主要性能指标达到国家采棉机作业性能指标要求。

本书可作为农业机械化工程专业和有关机械设计与理论专业研究生的学习参考书，也适用于从事农业收获机械设计的工程技术人员参考。

图书在版编目（CIP）数据

胶棒滚筒棉花采摘头工作机理及数字化设计 / 张宏文，王磊，毕新胜著 . -- 北京：中国纺织出版社有限公司，2021.12

ISBN 978-7-5180-9120-1

Ⅰ.①胶… Ⅱ.①张… ②王… ③毕… Ⅲ.①棉花收获机—研究 Ⅳ.① S225.91

中国版本图书馆 CIP 数据核字（2021）第 221550 号

责任编辑：宗 静 苗 苗　　　特约编辑：曹昌虹
责任校对：王蕙莹　　　　　　　责任印制：王艳丽

中国纺织出版社有限公司出版发行
地址：北京市朝阳区百子湾东里 A407 号楼　　邮政编码：100124
销售电话：010—87155894　传真：010—87155801
http://www.c-textilep.com
中国纺织出版社天猫旗舰店
官方微博 http://weibo.com/2119887771
三河市宏盛印务有限公司印刷　各地新华书店经销
2021 年 12 月第 1 版第 1 次印刷
开本：710×1000　1/16　印张：10
字数：141 千字　定价：88.00 元

前言

　　新疆是我国最大的商品棉生产基地，产量占全国的1/3以上。棉花也是新疆的支柱产业，对新疆的经济发展和社会稳定都有重要的作用。然而，棉花收获期，劳动力短缺的问题是制约新疆棉花生产的瓶颈，严重阻碍了新疆棉花产业的发展。棉花收获机械化是解决该问题的唯一出路。目前，在新疆商业化市场上仅有水平摘锭式采棉机，昂贵的价格和与之专门配套的机采棉加工成套设备，阻碍了棉花收获机械化的快速发展。因此，开发结构简单、使用方便且能够满足棉花收获农业技术要求的采棉机是广大棉农的迫切需要。

　　本书在调研国内外滚筒式采棉机结构及发展的基础上，设计了一种胶棒滚筒棉花采摘头，其工作原理是利用柔性胶棒的打击、梳脱、摩擦等机械作用采摘开放籽棉。针对该机的作业特点，开展机采棉种植模式和与收获有关的棉花物理特性研究，运用理论分析、计算机辅助设计、计算机仿真、高速摄像与实验设计相结合的方法，对胶棒滚筒棉花采摘头关键部件的结构、原理、参数进行研究与探索。本书从介绍胶棒滚筒关键部件的结构和工作原理入手，将运动学与动力学理论、计算机仿真技术、高速摄像和实验研究的方法相结合，对胶棒滚筒棉花采摘头的设计方法及关键工作部件工作机理进行了系统的研究与分析，具体内容如下：

（1）研究了新疆机采棉"矮、密、早"种植模式的农艺特点，实验测量了与胶棒滚筒收获相关的机采棉物理特性。主要测定包括植株形态、果枝类型、棉株高度、棉铃在棉株上的分布、最低棉铃位置、最高棉铃位置、棉株结铃数、棉株直径等棉株特征；不同类型棉铃的重量和直径特性；棉株各部分力学特性；棉纤维与工作部件摩擦特性。为胶棒滚筒棉花采摘头关键工作部件的结构参数和工作参数设计提供基础数据。

（2）通过对胶棒滚筒棉花采摘头结构和工作原理的分析，结合机采棉基本物理特性，确定了胶棒滚筒关键工作部件的主要结构参数；建立采摘头关键工作部件运动学方程，运用冲击理论、碰撞理论、摩擦理论建立胶棒采摘棉花的动力学模型；建立胶棒打击成熟棉铃次数的数学模型。根据上述分析讨论了采摘工作部件的工作机理，确定胶棒工艺速度是棉花采摘的关键工作参数，决定了胶棒打击力的大小；滚筒转速、行走速度是影响打击次数的主要因素。

（3）为了解决传统设计方法中开发周期长、设计成本和样机制造成本高的问题，本研究在采摘头设计、实验台设计中全面使用三维数字化设计方法，使用SolidWorks软件建立了胶棒滚筒棉花采摘头零部件三维模型，并进行了虚拟装配，排除了设计中存在的结构问题。根据实验需求，采用自上而下的设计方法，设计并制作了两台实验测试平台，开发了实验台测控软件，为进行胶棒滚筒棉花采摘头的实验研究奠定了良好的物理基础。

（4）运用仿真软件Adams对胶棒滚筒关键工作部件进行了运动学、动力学仿真。运动学仿真结果揭示滚筒转速、机器行走速度对胶棒工艺速度、运动轨迹的影响规律，对指导采摘头设计具有重要的意义；基于Adams接触理论算法建立了"胶棒滚筒—棉铃"动力学仿真模型，研究了滚筒转速、机器行走速度、胶棒轴向间距等因素对棉花采摘过程中打击力及打击次数的影响规律。

仿真结果表明，采摘过程中胶棒打击力是周期波动的，其波动规律与工艺速度变化一致。滚筒转速对打击力、打击次数均有较大影响，行走速度对打击次数有影响，胶棒轴向间对打击力的大小和波动的幅度具有影响。仿真结果与理论分析结果吻合，验证了理论分析的正确性。

（5）搭建了胶棒滚筒采摘过程高速摄像实验平台，通过对采摘过程的高速摄像分析，确定了胶棒滚筒棉花采摘机理及采摘过程中杂质形成机理。实验表明棉花不同部分在胶棒作用下存在四种分离形式：籽棉从铃壳中分离、铃壳与果蒂分离、棉铃与果枝分离、果枝与棉茎分离。其中，前两种是采摘作业中的主要形式，胶棒打击、摩擦、梳脱是棉花不同部分分离的主要作用。

（6）设计制作了胶棒滚筒综合性能实验台，以棉花采净率、撞落棉损失率、含杂率、棉枝含杂率为实验性能指标，滚筒转速、行走速度、胶棒轴向间距为实验因素，进行了两次正交旋转组合实验，应用Design-Expert软件进行实验数据的处理与分析，实验得出影响性能指标的主次因子和回归模型。以棉花收获农业技术要求为约束条件，采用多目标优化方法进行模型优化，寻找到满足性能指标的因子优化组合，同时对其进行了验证。

（7）以胶棒滚筒棉花采摘头为采摘部件研制的4FS-3型采棉机经田间实验表明，胶棒滚筒棉花采摘头棉花采净率可达95%以上，含杂率小于18%，撞落棉损失率小于2.5%，达到了设计要求，主要性能指标达到国家采棉机作业性能指标要求。采摘的籽棉经HVI 1000棉花品质检验系统检验，籽棉品级为2~3级。

本书研究的胶棒滚筒采棉机采摘头是根据新疆机采棉种植模式的特点而设计，适合采收宽窄行种植模式（66cm+10cm）的棉花。项目受到国家自然科学基金（项目名称：胶棒滚筒式摘锭采棉机理的研究；编号：50865011）和国家科技支撑计划（项目：杂交棉生产关键机械装备的研究与开发；编号：2007BAD44B04）的资助。笔者对此致以最真诚的感谢。

本书可供从事农业机械研究和机械设计等的科研人员及相关

专业的本科和研究生使用。本书共七章，由石河子大学张宏文教授负责全书的修订统稿，石河子大学王磊副教授、毕新胜教授参编。全书由石河子大学毕新胜教授主审。

由于时间较仓促，书中难免存在不足之处，敬请读者不吝指正。

著者

2021年3月

目录

第一章

绪　论

第一节　研究背景

新疆是我国棉花重要种植区，据新疆维吾尔自治区统计数据显示，2019年新疆棉花种植面积达3810.75万亩，占全国棉花种植面积的76.08%，总产500.2万吨，占全国棉花总产量的84.9%左右。棉花平均单产约131.3千克/亩，比全国平均水平高10.4%。棉花生产已成为新疆农业的支柱产业[1-2]。

目前新疆棉花采收仍以手工采棉为主，由于劳动力短缺，新疆每年从其他地区雇请大量拾花工人，支付拾花费用高达数十亿元。近年来，随着新疆棉花种植面积不断扩大，从其他地区组织劳力难度加大，劳动力价格不断提高。据国家统计局新疆调查总队对2010年全产区棉花收购情况进行的专项调查显示，新疆各棉花产区拾花费用普遍达1.6～1.8元/千克，部分地区高达2～2.2元/千克，已经占棉花生产总成本的35%。尽管如此，在棉花收获的高峰期，新疆各棉花产区都不同程度地出现人力不足、棉花无法及时采摘的情况，甚至在部分地区，由于降雪，拾花不得不等到来年春季，导致棉花品质下降，棉农经济收入降低，且影响新的一年的农业生产，严重打击了棉农的种植积极性，制约了新疆棉花产业的发展。棉花收获已成为新疆棉花产业发展中亟待突破的"瓶颈"[3-7]。

　　解决当前这一突出问题的重要途径是大力发展棉花采收机械化。国家、自治区、新疆生产建设兵团对此都高度重视，2007年国家1号、32号文中提出新疆要大力推行棉花收获机械化。新疆生产建设兵团"十二五"规划中制定的"机采棉工程"目标是，兵团力争"十二五"末棉花种植面积的60%~80%实现机械化采收。为此，自治区和兵团制定了诸多优惠政策支持棉花采收机械化。例如，兵团制定的机采费用仅为0.8元/千克，不到手工采摘费用（平均2元/千克）的二分之一。此外，实施和推广机械采棉技术，能够把广大农工从繁重的体力劳动中解放出来，分流转移到第二、第三产业中去，对于农业增效、农民增收、切实解决"三农"问题，对建设社会主义新农村具有重要现实意义。同时对增加新疆棉花在国际市场上的竞争力也有重要的作用[8-12]。

　　然而，我国新疆市场上商业化的采棉机主要是美国John Deere、Case IH公司和我国新疆石河子贵航农机装备有限责任公司生产的水平摘锭式采棉机。由于水平摘锭结构复杂，加工难度大，价格昂贵，一台5行采棉机价格在180万元左右（国产价格稍低），新疆棉花生产企业难以承受，导致短期内采棉机数量不可能大幅增加[13-14]。截至2019年底，新疆采棉机保有量在5000台左右。此外，由于气候、地理条件、品种、栽培模式等因素，我国新疆地区的棉花在基本物理性质上和美国的棉花存在一定的差别，因此使用水平摘锭采棉机暴露出采摘效率不高、采净率较低、落地棉多等问题，导致采收成本较高。这些问题严重制约了新疆采棉机械化的快速发展。截至2019年，新疆棉花机械采收面积为1150万亩，其中新疆生产建设兵团棉花机采面积达到82%，全疆棉花机采面积仅达48%[15-16]。

　　探索新型采棉机一直是各棉花种植大国农业工程技术人员的研究方向，笔者通过研究美国采棉机的发展及应用情况可以发现，占美国棉花产量40%以上的得克萨斯州、俄克拉何马州、路易斯安那州东北部等棉花种植区，广泛使用一种采收单行的梳刷滚筒式采棉机（Brush-roll type harvester）。原因是那里棉花植株小，生长紧密，抗倒伏性强，使用水平摘锭采棉机的采净率、经济性远不如其他棉花产区，且购买昂贵的水平摘锭采棉机导致棉花生产成本增加[17-18]。对比美国这一地区的棉花的特点，可以发现我国新疆棉区棉花特点与其非常相似（"矮、密、早"）。因此，可以借鉴这些地区的经验，因地制宜，研制适于我国新疆棉花特点和栽培模式的统收式采棉机。

第二节 国内外研究动态

从1850年第一个采棉机的专利在美国获得批准起，采棉机的研究历史已经有160多年，自此，人类设计了可以想象到的各种类型的采棉机，其中，仅美国就有1800份专利，但是获得大量生产应用的却不多[19-21]。根据采棉机采摘头的工作原理和工作部件的作业特点，采棉机可分为选收机（采摘头摘锭有选择性的采收）和统收机（采摘头摘锭无选择性的采收）两类。其中选收机以水平摘锭采棉机和垂直摘锭采棉机（Spindle harvester）为主要代表，而统收机主要有滚筒结构（Brush-roll stripper）和指杆结构（Finger stripper）的采棉机[22]。垂直摘锭采棉机结构较水平摘锭采棉机简单，但采净率较低，撞落棉多，苏联曾大量生产，随着苏联的解体，该类型的采棉机现仅在乌兹别克斯坦、哈萨克斯坦等中亚国家使用。目前，世界上主要棉花生产大国采用的主要机型还是以美国John Deere、Case IH公司为代表的水平摘锭式采棉机和梳刷滚筒式采棉机。

一、国外采棉机发展动态

苏联是世界上主要产棉国之一，1924年开始研制第一台采棉机，其间先后研制过水平摘锭式采棉机和垂直摘锭式采棉机，因为技术原因，1970年以后，仅生产悬挂式垂直摘锭式采棉机，如图1-1、图1-2所示。其与水平摘锭式采棉机的主要区别在于摘锭是垂直安装的，采棉摘头主要由垂直滚筒、扶导器、摘锭、脱棉器及传动机构等组成。每个采摘头单体有4个滚筒，呈前后并排成对排列，单个滚筒有15根摘锭，一个采摘单体有60根，摘锭直径约24mm，在摘锭体圆周方向等距有4排齿。每对滚筒的相邻摘锭呈交错相间排列，摘锭与滚筒采用皮带传动，摘锭旋转方向与滚筒旋转方向相反，摘锭齿迎着棉株转动采棉，在每对滚筒之间留有26～30mm的工作间隙，形成棉花采摘工作区，在采摘头工作室中，垂直摘锭用齿钩住开放的籽棉纤维，通过摘锭与籽棉纤维相对运动产生的牵扯力，将籽棉卷绕在摘锭齿杆上，当采摘棉花的摘锭运动到脱棉区内时，摘锭与脱棉滚筒刷相遇，脱棉滚筒刷旋转方向与摘锭相反，且滚筒刷外端毛刷的线速度高于摘锭上的锭齿线速度，迫使摘锭上的锭齿抛送籽棉瓣，实现脱棉。垂直摘锭式采棉部件结构较水平摘锭式简单，容易制造，造价低，适宜采摘棉株分枝少而短、棉铃集中、株高低于80mm的棉花。垂直摘锭棉花的采净率和工效较水平摘锭低10%～15%，籽棉含杂率为8%～16%，落地棉为10%～12%[19]。苏联解体前，曾经探索过几种不同原理的采棉部件，后因苏联解体，没有继续研究[23-26]。目前，在中亚地区仍使用悬挂式垂直摘锭式采棉机采摘棉花。

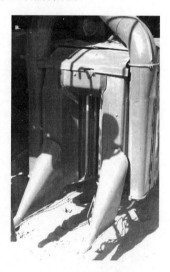

图1-1　XBC-1.2型采棉机　　　图1-2　垂直摘锭单体

1895年第一份水平摘锭采棉机专利授予美国A.Campell[27-28]，从Case IH公司1943年第一台商业化采棉机上市[28]（图1-3）到现在，水平摘锭的主体结构没有发生太大的变化。目前，水平摘锭式采棉机代表性的产品是美国John Deere、Case IH公司生产的当今世界最先进的采棉机，在世界各棉花主产区广泛使用。John Deere、Case IH公司采棉机一次可采收5行或6行棉株，采用水平摘锭式双滚筒采棉部件（Case IH公司采用前后对置布局，John Deere公司采用前后同侧布局），配Pro-16型采摘单体，前、后滚筒分别为16、12个摘锭座管，每个座管上20个摘锭，每个采摘工作单体有560个摘锭，整机共3360个摘锭（图1-4）。目前，Case IH、John Deere水平摘锭系列采棉机主要朝着大功率、高生产率、快速化、多功能方向发展，当前其主流产品为Case IH CPX625（图1-5），John Deere

CP690（图1-6）。经过近百年的发展，虽然在摘锭座管数、摘锭材料和尺寸以及摘锭钩齿的结构方面做了很多改动，但是水平摘锭采摘单体基本的工作原理、主要结构都未发生变化，这仍是目前世界上最先进的棉花收获装置[29-33]。

图1-3　Case H10H型采棉机

图1-4　水平摘锭结构

图1-5　Casee IH CPX625型采棉机

图1-6　John Deere CP690 采棉机

　　美国统收式采棉机的研究历史几乎与选收式（水平摘锭）采棉机一样，在这期间，形成了完整的设计理念、设计方法及理论体系。目前，得克萨斯州、俄克拉何马州等地区广泛使用的梳刷滚筒统收机是一种滚筒由若干毛刷和浆式刮板组成的商业化采棉机。John Deere公司JD7460型八行自走式采棉机（图1-7、图1-8）是这方面的代表，该机作业速度为0~6km/h，采净率达97%以上，在美国得克萨斯州、俄克拉何马州等地区被广泛使用[34-35]。

　　1874年美国的W.H.波德利克在其专利中提出利用旋转滚筒上面附的小齿，将成熟的棉铃从棉株上剥脱下来，而不伤害棉株和未成熟的棉铃的采摘原理的采棉机[19]。此后学者们对梳刷滚筒结构采棉机进行了广泛的研究。

　　得克萨斯州、俄克拉何马州农业实验站对梳刷滚筒摘锭性质和构造做过一定

图1-7 John Deere JD7460型采棉机　　　图1-8　JD7460型采棉机工作部件

的研究。1952年得克萨斯实验站对他们的梳刷滚筒摘锭——由两个平行布置滚筒，其上圆周方向安装8组轴向排列的橡皮、毛刷或仅为光滑钢滚筒作为采摘梳脱部件的滚筒摘锭进行了比较实验。当用于高密度种植棉花品种时，橡皮、毛刷和光滑钢滚筒的采净率分别为97.4%、96.1%及85.1%，而且这一结构的梳刷滚筒统收机结构简单、价格低，仅为水平摘锭采棉机的几分之一。亚拉巴马州立大学农业工程学院对比测试了柔性梳刷滚筒（橡胶板—尼龙毛刷、尼龙毛刷）、钢质滚筒采摘头在单侧和双侧布置下的采摘情况。实验表明，柔性梳刷滚筒采摘头较钢制滚筒在采摘中含杂率更低，工作稳定性更高（较少因清理杂草和灌木而停机），尤其在等行距灌溉田里。阿肯色州立大学和俄克拉何马州立大学的测试表明，在棉花枝秆较大的情况下，柔性梳刷滚筒采摘头采摘效果显著，不容易被枝秆堵塞。在这些地区柔性梳刷滚筒采摘头甚至比摘锭式采摘头的采摘效果更好。俄克拉何马州农业实验站对统收式采棉机的研究表明，在美国西南部棉区，统收机相比选收机有更好的适应性。实验人员提出了一种新型梳刷滚筒形式——在金属圆管上等间距安装十排毛刷。通过对棕榈纤维、铁丝、尼龙丝、橡胶等材料的对比实验，不同材质的毛刷，按6、8、10排安装在金属圆管上，在不同的滚筒线速度和机器前进速度比下进行测试，尼龙和橡胶材料可以获得较好的采摘效果[36-41]。

美国南部平原棉花研究所的D. F. Wanjura，A. D. Brashears等人研究了梳刷滚筒毛刷间距、作物尺寸（高度、茎秆长度）、作物含水率与棉花损失率和含杂率的关系。实验表明，滚筒毛刷间距增大会减小含杂率，但导致棉花总损失率有显著增加；秸秆含水率减少和植株高度大导致含杂率的增加，对棉花总损失率不会有显著影响；此外，滚筒毛刷间距、作物尺寸（高度、茎秆长度）、作物含水率对棉花细杂含量没有显著影响。根据实验结果，建立了棉花收获性能指标棉花总损失率和含杂率与滚筒毛刷间距、作物尺寸、作物含水率等影响因素的回归关系方程[42-43]。

此外，在对梳刷滚筒采棉机研制的基础上，美国农业技术人员对各种采棉技术适用条件也做了大量研究，并在主要植棉区做了各种采棉机对比实验。Corley、Friesen、James等人经过大量实验指出：对采棉机来说，摘锭工作的好坏，主要由棉铃的形态来决定。实验的结果证明采棉机的收获性能与棉铃的大小、开放程度有关；30~40cm和76cm的密植模式实验表明，与梳齿式和水平摘锭采棉机相比，梳刷滚筒采棉机有更好的适用性；大量的实验同时表明棉铃抵抗倒伏性强的品种，宜用统收式采棉机收获，却不宜用选收式采棉机采摘；在得克萨斯州的实验表明，这一地区的棉花品种用选收式采棉机的采净率仅76%，远不如其他地区棉花的采净率（91%）；对滚筒摘锭采摘棉花质量的研究表明，与水平摘锭相比，使用HVI 1000型检测籽棉品质，在棉花主纤维、纤维的强度、长度、均匀度等方面，差异并不明显。当然，滚筒统收机在使用中也暴露了许多问题，采棉机在工作中，连同籽棉一起，收入了大量杂质（15%~25%）。杂质包括铃壳、枝秆、细杂（叶屑和土渣）。虽然可以通过采棉机上的清杂装置清除大部分杂质，但是杂质中包含的枝秆在轧花过程中会导致棉秆皮的脱落，污染皮棉，使其品级降低，可能给棉农造成损失。减弱统收机滚筒（尤其是浆式刮板）的冲力可以最大限度减少籽棉中枝秆的含量及避免棉秆皮污染皮棉导致品级降低。减少浆式刮板的数量对降低枝秆的含量也是有益的。研究还表明操作统收机工作时，其前进速度高于5 km/h时，籽棉中棉花枝秆和棉株表皮的含量就会增加，从而降低棉花品级[44-54]。

美国John Deere公司开发的另一种统收机主要部件是梳齿式。这种采棉机的构造是一组金属梳齿，长度约1000~1100mm，梳齿间距16mm，以梳脱棉花。此外该机还装有拨棉器，其上安装外凸的条带，将棉花和棉铃推送到输送装置上去[53]。John Deere公司和Smith-Conrad公司都曾生产过这种采棉机，如图1-9所示。此外，作为棉花种植面积大、采棉机械化程度较高的南美洲国家阿根廷也根据本国国情开发了一种统收式采棉机。由阿根廷国家农业科学院设计、Dolbi公司生产的JAVIYÚ Cotton Stripper型梳齿式采棉机[54]（图1-10），是一种新型的棉花采摘机械，其结构与美国指杆式采棉机类似，具有结构简单，造价低的特点。

阿根廷棉花种植模式为45cm或35cm的等行距，株距约为10cm，未定苗，两株、三株长在一穴的占有较大比例，棉花脱叶效果很好。该机采净率与棉田的平整度及喂入的均匀程度关系极大，棉田越平、喂入越均匀，采净率越高，在棉田平整的情况下，采净率一般大于95%，含杂率27%。

图1-9　John Deere JD7455型采棉机　　　图1-10　JAVIYÚ Cotton Stripper型梳齿式采棉机

二、国内采棉机发展动态

我国大型棉花收获机械的研制主要是在新疆，我国新疆棉区地势平坦，地块面积大，具备明显的机械化操作优势。早在20世纪50年代初，新疆维吾尔自治区及新疆生产建设兵团开始采棉机械和机采棉技术的引进、研究和实验。从1952年起，先后从苏联引进CXM-48、CXM-48M型单行采棉机和XBC-1.2型双行采棉机等垂直摘锭采棉机进行适应性实验。实验表明，无论是按我国新疆传统"矮、密、早"种植模式，还是60cm或90cm机采棉模式，垂直摘锭采棉机采净率较低，落地棉率高，含杂率较高，基本不能满足使用要求[19,55]。

1959年我国新疆生产建设兵团、新疆维吾尔自治区农业科学院和兵团农科所协作，研制过一种气流加机械震动的采棉部件。室内实验结果：采净率为66%～72.5%，挂株棉1.5%～21.8%，落地棉6.8%～34%。实验表明：吹气流采棉，籽棉挂在棉枝上较严重，落地棉也多。1959～1961年，中国热带农业科学院农业机械研究所和棉花研究所合作研究过小型单行的间歇式水平摘锭采棉机和双行平面式水平摘锭采棉机。后一种实验结果是：当前进速度为13.9m/s时，采摘率为58.5%，落地棉为11.7%，落铃27.4%，碰断果枝29.4%。由于存在摘锭性能不好、采摘率低、落地棉多等原因而中断研究。

1963～1966年，中国热带农业科学院农业机械研究所研究了真空气吸式采棉机，该机悬挂在东方红–28G高地隙拖拉机上，带有小型清花机，4行作业，操作者手持吸棉嘴对准棉铃吸棉。实验结果是：采净率94%～96.3%，含杂率0.32%～0.69%，工效为5.63～10kg/h，仅比手工高1～2倍，因工效低而停止研究。1961年由中国热带农业科学院农业机械研究所主持，新疆农业科学院农业机械化研究所和兵团农科所等单位参加，在新疆奎屯农七师127团，成立机采棉实验研究项目组。于1972年研制出一种带有拔株辊的气吸机械振动采棉部件。实验台实验表明：棉株移动速度1.02m/s时，平均采棉率达97%，落地棉0.5%～1.63%。该部件的特点为：由于主要靠打击震动棉株减弱籽棉与铃壳的连结力，可保持气流稳定地吸棉，提高采棉率；可显著降低气吸采棉的风速和功率消耗；气流可吸集下落的籽棉，减少落地棉；采棉时由于对棉株挤压力小，碎叶杂质与籽棉黏附不紧，易清理；不需用强气流吸棉，故吸入籽棉的含杂率减少；部件结构简单，易制造，造价低。实验研究仅限于原理性部件实验阶段，未取得实质进展[56–58]。

1993年以后我国新疆地区引进了美国水平摘锭采棉机。先后引进了JD9965、JD9970、JD9976、CASE2022、CASE2555等型号的采棉机。经过大量实验表明：采净率在90%以上，落地棉率6%以下，含杂率7%以下，性能优于苏联采棉机[59–63]。1997年由科技部组织，新疆联合收割机械集团联合区内三家单位组成的采棉机攻关组研制国产采棉机。1998年生产出第一台国产自走式采棉机4MZ–3型自走式采棉机。我国新疆的该机采棉工作部件（采摘单体）采用来自美国的成熟部件，其他部件采用国产及自制部件。4MZ–3型自走式采棉机可采收3行棉花，作业速度为3.0～4.5km/h，运输速度为11～22km/h，生产率为0.43hm²/h。该机可隔行采收60cm+30cm种植模式的棉花，也可对行采收68cm+10cm种植模式的棉花，并能相应调整出两种种植模式下的轮距。2001年，通过新疆农机产品质量监督检验站的性能检测和生产实验。实验表明，4MZ–3型自走式采棉机采净率达93%以上、撞落损失小于4%、籽棉含杂率6%、可靠性91%、作业速度3.84km/h。该机在国际上首创3行配置，可适合不同机采棉种植模式进行采收，并且整机成本比国外同类机型降低60%左右[64–67]，如图1–11所示。但由于种种原因未能实现商业化生产。

2003年我国新疆的石河子贵航农机装备有限责任公司与以色列BHC公

司开展技术合作研发采棉机，2004年公司成功研制4MZ-5型5行自走式采棉机（图1-12），在新疆生产建设兵团第八师部分团场进行棉花收获实验，并获得成功。该机通过新疆农机产品质量监督检验站和农业部农业机械实验鉴定总站的鉴定，生产率$0.67 \sim 1.0 hm^2/h$，采净率为95%，作业速度$5.6 \sim 5.8 km/h$，含杂率小于10%，其综合指标达到国际先进水平，各项技术与性能达到了国际采棉机指标参数[68]。

图1-11　4MZ-3型采棉机

图1-12　4MZ-5型5行自走式采棉机

但是就目前的情况来看，由于技术含量高，加工制造难度大，国产水平摘锭采棉机在产品可靠性、稳定性上还不能达到国外同类产品水平，在生产实践中暴露出可靠性差、返修率高、有效作用时间短等问题。另外，采摘关键部件不能国产化也是制约其发展的难点。为寻求棉花机械采收新途径，新疆和其他地区的一些科研院所及企业也在积极探索新型棉花收获技术。近几年来，统收式采棉技术的研究逐渐成为热点。

2006年，新疆石河子市福顺科技有限公司设计出软摘锭式采棉机，其采摘部件结构为安装柔性橡胶棒的采摘滚筒。这一结构的采棉机得到了新疆生产建设兵团科学技术局和新疆生产建设兵团农八师科委的资助，石河子大学机电学院相关研究人员参与研究工作。田间实验表明，软摘锭采棉机采净率达95%以上，含杂率12% ~ 24%[69-81]。

2008年新疆农垦科学院承担兵团重大产学研专项"4MCS-300梳齿式棉花联合采收机"的研制工作。2009年10月，我国新疆4MCS-300梳齿式棉花联合采收机在一三二团十一连棉田与阿根廷原装进口采棉机进行对比性能实验，新型采棉机采收面积近400亩，性能良好。经新疆生产建设兵团农业机械检验测试中心对其进行性能检测，采净率达到96%，含杂率17.5%[82-85]。

另外，还有一些研究机构和企业开展统收式采棉机的研制。我国的新疆农垦科学院承担的"国家棉花产业技术体系生产设备与机械化"项目，研究刮板毛刷式采棉机，该机采用与美国John Deere公司类似的采摘部件刮板毛刷[86]。此外，新疆大学、农业农村部南京农业机械化研究所、河北廊坊盛大科技有限公司等均在研制梳齿式棉花采收机[87-93]。

第三节　研究目的及意义

通过上述分析，可以看到我国采棉机的研究历史虽然不算很短，但多是仿制和实验研究，缺少采棉机设计方法及理论研究，同时，对与收获相关的棉花物理机械特性的研究也相对不足。相关生产企业设计、制作、生产能力较低，虽然曾经设计制造了几种采棉机，但是由于产品质量与国外同类产品存在较大差距，并没有大量生产推广。

通过近几年的研究表明，梳刷滚筒式采棉机和梳齿式棉花联合采棉机具有以下优点：采净率高，一般在95%以上；结构简单，价格低，仅为摘锭采棉机的三分之一；后期加工不需要专用机采棉配套清理加工设备等。但也有不足：含杂率高（15%以上），需配备机载清花装置；作业性能不稳定，对采摘作业条件要求较高[22]。此外，目前的采棉机作业国家标准并不适合统收式采棉机[94-95]。同时，由于缺乏相应的政策及制度，市场对统收机的接受程度不高，这些问题都亟须进一步研究。

借鉴美国在采棉机研究中的成功经验，开发适合我国新疆棉区的梳刷滚筒式采棉机，虽然不能替代水平摘锭式选收采棉机，但完全可以作为水平摘锭式选收采棉机的一种补充。因此，针对当前存在的问题，笔者通过研究胶棒滚筒式采棉机关键部件的采摘机理和棉花物理特性，确定采摘部件对棉花采摘性能的影响关系，并通过性能实验对其主要工作参数进行优化，完善其工作稳定性，制定相关作业标准，并实现推广应用及商业化生产，填补国内在这一技术领域的空白，这对实现棉花收获机械化，促进新疆棉花产业的发展具有重要的意义。

第四节　研究内容

笔者针对胶棒滚筒采棉机采摘头关键工作部件的特点，结合新疆特有的"矮、密、早"机采棉种植模式，将棉花视为采棉机的加工对象，采用理论分析、计算机仿真和实验研究相结合的方法，对胶棒滚筒棉花采摘头关键工作部件进行设计与研究，为新型棉花收获机具的研发提供科学依据和方法。探索棉花收获技术的新方法、新思路。主要研究内容与方法如下。

1. 与收获相关的棉花物理特性的研究

调研新疆机采棉"矮、密、早"种植模式的农艺特点和实现机械作业的技术要求，开展与胶棒滚筒收获相关的机采棉物理特性的研究。在采摘期内，采用图像采集方法获得棉花植株图像，及时获取植株形态、果枝类型、棉株高度、棉铃在棉株上的分布、最低棉铃位置、最高棉铃位置、棉株结铃数、棉株直径等棉株特征，不同类型棉铃的重量和直径特性；使用便携式拉力实验机测定棉株各部分力学特性；使用自制实验台研究棉纤维与工作部件摩擦特性。为胶棒滚筒棉花采摘头关键工作部件的结构参数和工作参数设计获取基础数据。

2. 胶棒滚筒关键工作部件设计方法及理论的研究

结合机采棉基本物理特性，设计胶棒滚筒关键工作部件的主要结构参数。建立胶棒滚筒关键工作部件运动学方程，研究影响采摘性能的运动参数。运用冲击理论、碰撞理论、摩擦理论建立胶棒采摘棉花的动力学模型及棉花采摘的打击力计算方法，阐述采摘工作部件的工作机理。研究胶棒打击成熟棉铃次数的数学模型，分析影响打击次数的主要因素。

3. 胶棒滚筒棉花采摘头数字化设计及关键工作部件动态仿真研究

研究基于SolidWorks软件特征建模技术的胶棒滚筒棉花采摘头零部件数字化建模方法，并对采摘头进行虚拟装配，发现及改进设计中存在的结构问题；基于Adams软件对关键工作部件进行参数化建模及动态仿真，研究棉花采摘过程中工作部件的运动学和动力学规律，对工作部件的采摘性能进行评估和预测，为胶棒滚筒关键工作参数的选择提供依据和指导。

4. 胶棒滚筒棉花采摘机理及杂质形成机理的研究

搭建胶棒滚筒采摘过程高速摄像实验平台，通过对采摘过程的高速摄像分析，确定胶棒滚筒棉花采摘机理及采摘过程中杂质形成机理。确定影响棉花采摘质量的主要因素及参数范围，进一步完善胶棒滚筒的工作机理，并为采摘性能的实验研究奠定基础。

5. 胶棒滚筒棉花采摘头工作性能的实验研究

为考查胶棒滚筒棉花采摘头的工作性能和对其采摘机理理论分析结果、计算机仿真结果进行比较和检验，设计并制作胶棒滚筒综合性能实验台，以棉花采净率、撞落棉损失率、总含杂率为实验性能指标，滚筒转速、行走速度、胶棒轴向间距为实验因素，进行了二次正交旋转组合实验，应用Design-Expert软件进行实验数据的处理与分析，采用多目标优化的方法，进行模型优化，得到满足性能指标范围的因子的最佳组合，通过实验台和田间实验进行验证。

参考文献

[1] 新疆维吾尔自治区统计局，国家统计局新疆调查总队. 新疆维吾尔自治区2019年国民经济和社会发展统计公报［R/OL］.（2020-4-1）［2020-9-18］. http://xjzd.stats.gov.cn/jdhy/dcsj/tjgb/202009/t20200918_4777_wap.html.

[2] 国家统计局. 国家统计局关于2019年棉花产量公告［EB/OL］. http://www.stats.gov.cn/tjsj/zxfb/201912/t20191217_1718007. html, 2019-12-17.

[3] 王力，张杰，赵新民，等. 新疆棉花产业发展面临的困境与对策研究［J］. 新疆农垦经济，2012（11）：9-13.

[4] 雷海，王京梁，辛涛，等. 新疆棉花综合生产能力分析［J］. 中国棉花，2011（7）: 5-8.

[5] 国家统计局新疆调查总队[EB/OL]. http://xjzd.stats.gov.cn/xwfb/xxfx/201012/t20101217_3744.html, 2010-12-17.

[6] 张静，蔡灿，黄建全，等. 2012年新疆棉花产销形势分析［J］. 新疆农业科技，2012

（5）：1-3.

［7］高新康，胡洁. 兵团机采棉推广现状及政策建议［J］. 中国农垦，2006（9）：17-18.

［8］新疆生产建设兵团农业局. 胡兆璋农业科技文章及讲话选编［M］. 五家渠：新疆生产建设兵团出版社，2011.

［9］李生军. 搞好机采棉工程建设稳步推进植棉机械化［J］. 新疆农机化，2006（3）：4-5.

［10］许强. 提高棉花机械化收获水平势在必行［J］. 农业机械，2007（10）：71-72.

［11］刘忠元. 采棉机械化是发展新疆棉花生产的必由之路［J］. 中国棉花，1998，25（10）：7-8.

［12］李冉，杜珉. 我国棉花生产机械化发展现状及方向［J］. 中国农机化，2012（3）：7-10.

［13］王学农，陈发. 9976新型六行采棉机结构分析及应用［J］. 农业机械学报，1998（S1）：134-138.

［14］赵林. 新疆兵团机械采棉推广应用的主要制约因素及对策研究［D］. 北京：中国农业大学，2005：10.

［15］唐军. 兵团推广采棉技术存在的问题及对策［J］. 新疆农垦科技，2008（3）：72-73.

［16］新疆维吾尔自治区统计局，国家统计局新疆调查总队. 新疆维吾尔自治区2012年国民经济和社会发展统计公报［R/OL］.（2013-2-27）［2013-3-1］. http://tjj.xinjiang. gov.cn/tjj/tjgn/201303/043a5848cf504a2095f1693dd13ec6b5.shtml.

［17］Brashears A D, Baker R V. Comparison of finger strippers，brush roll strippers and spindle harvesters on the Texas High Plains. In Proc. Belt wide Cotton Conf［C］. San Antonio, Texas. 4-8 Jan, 2000，452-453.

［18］Nelson J, Misra S K, Brashears A D. Costs associated with alternative cotton stripper- harvesting systems in Texas［J］. Journal of Cotton Science, 2000（4）：70-78.

［19］第一机械工业部机械研究院农机所. 国内外棉花收获机械专辑［M］. 北京：机械工业出版社，1975.

［20］林起. 世界棉花收获和轧花［J］. 中国棉花加工，2000（1）：41-42，46.

［21］中国科学院农业机械化研究所. 棉花收获机械译文集［M］. 北京：机械工业出版社，1960.

［22］中国农业机械化科学研究院. 农业机械设计手册（下册）［M］. 北京：中国农业科学技术出版社，2007.

［23］林起. 前苏联对新原理采棉部件的探索［J］. 新疆农机化，1999（6）：26-27.

［24］林起. 前苏联对新原理彩棉部件的探索（续）［J］. 新疆农机化，2000（1）：26-27.

［25］林起. 前苏联对新原理彩棉部件的探索（续）［J］. 新疆农机化，2000（2）：38-43.

［26］林起. 前苏联对新原理彩棉部件的探索（续）［J］. 新疆农机化，2001（2）：30-31.

［27］Campell A. Cotton picking machine：542794［P］. 1895-7-16.

［28］Campell A. Cotton-pick spindle：685439［P］. 1901-10-29.

［29］凯斯公司官网［EB/OL］. http：//www.caseih.com.

［30］陈发，王学农. 4MZ-2（3）型自走式采棉机主传动系技术方案分析与确定［J］. 农业工程学报，2001，17（5）：68-72.

［31］Randy B，Wayne K，Brashears A D. 1999 High Plains Cotton Harvest-Aid Guide［R］. Soil and Crop Sciences，SCS-1999-22.

［32］王冰. 美国2022型采棉机的实验研究［J］. 农机与食品机械，1998（3）：37-38.

［33］Willcutt M H，Barnes E M. The spindle-type cotton harvester［G］. A&M Agilife Research，America's Cotton Producers and Importers，2010.

［34］吴秦. 美国棉花采摘［J］. 中国棉花加工，2003（5）：36-37.

［35］晓松. 两种棉花收获机的比较［J］. 农机科技推广，2005（5）：45-46.

［36］Oates W J，Witt R H，Wood W S. The development of a brush-type cotton harvester［J］. Agricultural engineering，1952，33（3）：135-142.

［37］Batchelder D G，Taylor W E，Porterfield J G. Stripper rolls for cotton harvesters，B-589［R］. Oklahoma State University Experiment Station Bulletin，1961.

［38］Porterfield J G，Batchelder D G，Taylor W E. Plant populations for stripper harvested cotton，B-514［R］. Oklahoma State University Experiment Station Bulletin，1958.

［39］Wanjura D F，Baker R V. Stick and bark relationships in the mechanical stripper harvesting and seed cotton cleaning system［J］. Transactions of the ASAE，1979，22（2）：273-282.

［40］Wanjura D F. Plant size influence on sticks in mechanically stripped cotton，MP 1414［R］. Texas Agricultural Experiment Station Miscellaneous Publication，1979.

［41］Roberson P M. The flexible-roll cotton harvester［J］. Transactions of the ASAE，1966，9（3）：139-140.

［42］Wanjura D F，Baker R V，Hudspeth E B. Characteristics of sticks in mechanically stripped cotton［J］. Transactions of the ASAE, 1979, 22（3）: 233–236.

［43］Wanjura D F, Brashears A D. Factors influencing cotton stripper performance［J］. Transactions of the ASAE, 1983, 26（1）: 54–58.

［44］Corley T E, Stokes C M. Mechanical cotton harvester performance as influenced by plant spacing and varietal characteristics［J］. Transactions of the ASAE, 1964, 7（3）: 281–290.

［45］Corley T E. Basic factors affecting performance of mechanical cotton picker［J］. Transactions of the ASAE, 1966 9（3）: 326–332.

［46］James A. Friesen. Factors affecting removal of cotton from the boll［J］. Transactions of the ASAE, 1968, 11（4）: 529–531.

［47］Barker C S, Gary L, Clayton J E. Cotton varietal characteristics affecting mechanical picking and ginning［R］. ARS Report 42–139, 1968.

［48］Corley T E. Correlation of mechanical harvesting with cotton plant characteristics［J］. Transactions of the ASAE, 1970, 13（6）: 768–773.

［49］Kepner R A, Curley R G, Brooks C R. A brush–type stripper for double–row cotton［J］. Transactions of the ASAE, 1979, 22（6）: 1234–1237.

［50］Williford J R, Rayburn S T, Meredith W R. Evaluation of a 76cm row for cotton production［J］. Transactions of the ASAE, 1986, 29（6）: 1544–1548.

［51］Brashears, A D, K D Hake. Comparing picking and stripping on the Texas High Plains［C］. San Antonio, Texas: Belt wide Cotton Conferences（USA）, 1995: 652–654.

［52］Joel Curtis Faircloth, Robert Hutchinson, John Barnett. An evaluation of alternative cotton harvesting methods in northeast Louisiana—a comparison of the brush stripper and spindle harvester［J］. The Journal of Cotton Science, 2004（8）: 55–61.

［53］David D, McAlister, Clarence D. Rogers. The Effect of harvesting procedures on fiber and yarn quality of ultra–narrow–row cotton［J］. The Journal of Cotton Science, 2005（9）: 15–23.

［54］Faulkner W B. Comparison of picker and stripper harvesters on irrigated cotton on the High Plains of Texas［D］. Texas Agricultural and Mechanical University, 2008.

［55］迪尔公司官网［EB/OL］. http://www.deere.com.

［56］多尔比公司官网［EB/OL］. http://www.dolbi.com.ar.

［57］林起. 兵团探索采棉机械化的历史回顾［J］. 新疆农垦科技, 1997（4）: 22–23.

［58］林起. 对棉花收获机械化的探讨［J］. 农业机械学报，1985，16（2）：55-68.

［59］陈永毅. 我国棉花收获机械化的回顾与展望［J］. 农业机械，2000（7）：14-15.

［60］陈发，闫洪山，王学农，等. 棉花现代生产机械化技术与装备［M］. 乌鲁木齐：新疆科学技术出版社，2008.

［61］新疆植棉采棉清棉机械化技术［J］. 新疆农机化增刊，1995.

［62］郭登芳，吴松明. 北疆棉区采棉机引进使用的实践与思考［J］. 新疆农机化，2001（1）：34-35.

［63］梅键，周亚立，等. JD9965型采棉机的引进实验［J］. 新疆农机化，1999（4）：15-16.

［64］凯斯CPX系列采棉机的独特优势［J］. 农业机械，2006（4）：101-102.

［65］黄勇，付威，吴杰. 国内外机采棉技术分析比较［J］. 新疆农机化，2007（4）：18-20.

［66］陈发，王学农. 国产自走式采棉机的研究［J］. 农机与食品机械，1999（6）：13-14.

［67］王国新. 4MZ-3型自走式采棉机的研制［J］. 农机与食品机械，1999（4）：11-12.

［68］庄力骏，孙颖. 4MZ-2（3）自走式采棉机静液压驱动应用分析［J］. 新疆农业大学学报，2000（4）：74-76.

［69］王新国. 国产采棉机技术应用与发展前景展望［J］. 新疆农机化，2003（5）：30-31.

［70］刘向新，周亚立，翟超，等. 基于采摘质量的采棉机水平摘锭采摘头结构分析［J］. 江苏农业科学，2013（1）：361-363.

［71］赵岩，王维新. FS4M-2R滚筒式软摘锭采棉机的设计［J］. 新疆农机化，2008（5）：13-14.

［72］赵岩，王维新. 滚筒式软摘锭采摘头的设计［J］. 新疆农机化，2008（3）：32-33.

［73］贾顺宁，王维新，张宏文. 软摘锭采棉机清杂装置的设计［J］. 农机化研究，2009（12）：114-116.

［74］马娟，王维新，赵岩. 滚筒式采棉机采摘头的设计与研究［J］. 农机化研究，2010（2）：120-122.

［75］马清亮，王维新，黄军干，等. 采棉机六辊清杂机构的优化与实验研究［J］. 农机化研究，2011（8）：130-133.

［76］丁志锋，王维新，贾顺宁，等. 统收式采棉机分离系统的设计［J］. 机械设计与制造，2012（3）：25-27.

［77］董长燕，王维新，丁志锋，等. 统收式采棉机分离系统的设计与数值模拟［J］. 农机化研究，2012（10）：24-28.

［78］刘克毅，王维新. 统收式采棉机风送系统设计及研究［J］. 农机化研究，2011（5）：115-118.

［79］张宏文，康敏，傅秀清，等. 胶棒滚筒棉花采摘头的设计与实验［J］. 农业工程学报，2011，27（2）：109-113.

［80］Zhang H W，Kang M. Digital modeling and key parts simulation of rubber-bar roller cotton harvester［J］. Applied Mechanics and Materials，2011（52-54）：1586-1591.

［81］李勇，张宏文，杨涛. 棉花收获期棉絮分离力的研究［J］. 石河子大学学报（自然科学版），2011，29（5）：633-636.

［82］杨涛，张宏文，李勇. 滚筒式采棉机采摘头实验台的设计［J］. 石河子大学学报（自然科学版），2011，30（6）：772-775.

［83］Yang T L，Yang H J，Zhang H W. Finite element analysis for picking unit on scraper-brush cotton stripper based on pro/E［J］. Advanced Materials Research，2011（15）：239-243.

［84］建农. 4MCS-300梳齿式棉花联合采收机［J］. 农业装备技术，2010（1）：46.

［85］温浩军，陈学庚，康建明. 梳齿式采棉机籽棉清理装置的研制［J］. 农机化研究，2010（10）：59-62.

［86］康建明，陈学庚，温浩军，等. 梳齿式采棉机采收性能影响因素的实验研究［J］. 农机化研究，2011（4）：121-125.

［87］陈学庚，康建明. 梳齿式采棉机籽棉清杂系统参数优化［J］. 农业机械学报，2012（S1）：120-124.

［88］杨怀君，周亚立. 刮板毛刷式采棉机采摘部件的研究［J］. 农机化研究，2010（3）：49-51.

［89］黄帅，袁逸萍，孙文磊，等. 清铃机传动系统设计与仿真［J］. 制造业自动化，2011（7）：89-92.

［90］付长兵，孙文磊，董伟. 梳指式采棉机采摘台的设计［J］. 农机化研究，2010（9）：92-95.

［91］沐森林，张玉同，石磊，等. 4MF-3型指杆式棉花收获机的设计及实验研究［J］. 中国农机化，2011（6）：83-86.

［92］刘晓丽，陈发，王学农. 4MZ-3000型梳齿式采棉机梳齿部件的结构分析［J］. 新疆农业科学，2011（9）：1635-1639.

［93］韩玲丽，王学农，陈发，等．4MZ-3000型自走式梳齿采棉机清花装置的实验研究
［J］．农机化研究，2012（7）：169-172．

［94］张玉同，梁建，石磊，等．梳齿式棉花收获机的实验与研究［J］．中国农机化，
2012（2）：84-88，103．

［95］迟久鹏，王春耀，王学农，等．基于ADAMS/View的偏牵引梳齿式采棉机侧向稳定
性分析［J］．新疆农业科学，2013（12）：1-7．

［96］闫洪山，薛理．制定机采棉标准的必要性及可行性分析［J］．中国棉花加工，2000
（5）：12．

［97］中华人民共和国国家质量监督检验检疫总局，中国标准化管理委员会．棉花收获机：
GB/T 21397—2008［S］．北京：中国标准出版社，2008．

第二章

与机械收获相关的棉花物理特性

机械收获棉花的困难在于工作部件要尽可能完全采净开放的籽棉而不损伤棉花的其他部分。此外，采下的籽棉不能被过度损坏（拉断、扭曲）和污染，收获的棉花的含杂率又应力求降低。因此，设计棉花收获机械时，不论把棉花当作棉花收获机械工作过程的介质，或者视作工作部件的加工对象，对棉花的物理特性进行必要的研究都是正确设计采棉机的必要条件，是机械收获棉花的理论依据，因为棉花各部分的物理特性都直接关系到机械收获棉花时工作部件的机械效应[1, 2]。

棉花种植模式确定了棉花的植株田间分布，影响棉株形态、果枝类型、棉株高度及棉铃在棉株上分布状态，棉株形态、高度及棉铃的分布决定了采收系统的结构尺寸，也是采摘头整体结构设计必不可少的基础数据。棉花作为采棉机的采摘对象，棉铃的特性将直接影响到采棉机采摘头工作部件的机械效应，是采摘头工作部件结构设计过程中的重要依据。棉花的力学特性是设计采摘头工作参数最重要的因素，因为在采棉机工作过程中，棉花能否被采摘取决于它与采摘工作部件的相互作用，棉花各个部分（籽棉、棉铃、果柄、果枝）不同的力学特性是采棉头能否满足棉花收获技术要求的依据，棉花的力学特性将直接影响采摘部件的作业质量和作业效率。因此，研究棉花的物理特性是正确设计采棉机的理论基础，是采棉机设计过程中不可或缺的一环。

第一节　新疆机采棉种植模式简介

一、新疆机采棉种植模式的形成

棉花收获机械化技术也被称为机采棉技术，是指用机械化手段对棉花主产品籽棉进行采收作业的综合技术。我国并未针对棉花机械化收获方式专门培育过棉花品种，在新疆采棉机械化的实施过程中，将按机械收获方式种植的棉花称为机采棉，机械收获方式种植的模式称为机采棉种植模式[3]。

当棉花收获处于手工作业时，棉花的种植模式主要是保证棉花的高产。棉花收获机械化后，棉花的种植不仅要保证棉花高产，而且也要求种植模式适应采棉机的要求，以保证机械的作业效率和作业质量。然而，兼顾和协调两者之间的关系却是一项极其复杂的工作。国内外长期采棉机研制的生产实践都已证明机采棉种植模式是制约采棉机研制及作业较复杂而又非常重要的因素之一[1]。因此，在设计采棉机的实践过程中首先应考虑当地棉花种植模式与采棉机之间的适应性。

人类农业生产活动的实践证明，一个地区农业生产模式取决于当地的自然资源及技术水平，而模式的潜力实现程度又依赖于当地社会、劳动力、经济发展等基础条件，新疆棉花的"矮、密、早"种植模式形成与发展是这一过程典型的例证。经过几十年的棉花种植实践，新疆棉区形成了特有的"矮、密、早"棉花行距60cm+30cm的宽窄行植棉模式。

1. "矮、密、早"种植模式是新疆特定自然气候条件下的产物

新疆地处欧亚大陆的腹地，属于典型的荒漠、半荒漠气候，无霜期短，秋季降温快，灾害天气多，土壤肥力低，保水保肥力较弱，盐碱较重，农田基本资源相对不足。然而，新疆全年降雨量较少、空气比较干燥，日照时间长、光照度大，水热同步、水源稳定，适合种植棉花这种喜温、好光、无限生长习性、春种秋收、经济价值高的农作物。就纬度与热量关系看，新疆北疆（N44°）、南疆

（N35°～N42°）棉区都很难成为早、中熟高产棉区。但由于沙漠、戈壁在夏季的增温效应，6～8月气温可较同纬度地区高1～2℃，同期大于10℃以上的积温多达200～300℃，从而提供了棉花在花铃期最佳的生长环境和条件，再加上合理的"矮、密、早"种植技术的应用，使新疆成为高产棉区，并形成了新疆特殊的种植模式[4]。

2. 社会资源条件的改善使"矮、密、早"种植模式得到进一步的发展和完善

新疆人均占有耕地0.2hm²，农业机械化程度高，均居全国前列[5]；经过几十年的研究，培育出了适应当地气候条件的陆地棉高产品种，并形成了适合本地棉花作物生产的栽培模式；精密播种、精准施肥、地膜、植物生长调节剂等技术的广泛应用；高效滴灌节水技术大力推广；农业科技人员素质普遍得到提高。所有这些社会资源的有效改善，使"矮、密、早"种植模式的科技含量有了大幅的提高，内容得到了充实，最终成为棉花栽培的基本技术，对发展新疆棉花产业及促进棉花高效生产起到了至关重要的作用。

由此，在新疆棉区特殊的光、热、水分等生态资源条件下，20世纪六七十年代农业技术人员创造了"矮、密、早"技术，20世纪80年代随着棉花生产机械化程度的不断提高及地膜覆盖植棉技术的推广，形成"矮、密、早、膜"技术，棉花产量提高近一倍；20世纪90年代进一步发展成"矮、密、早、膜、控"技术，完善了具有新疆特色的棉花植棉模式。

然而，20世纪80年代末，随着我国新疆棉花种植面积不断扩大及棉花产量的不断提高，棉花收获季节劳动力短缺、采收棉花难的问题日益突出，棉花收获机械化提到议事日程。国产采棉机研究和美国、苏联的成套棉花机械化采收系统先后被引进做适用性实验。引进的国外采棉机主要适用于76cm、96cm、102cm行距（美国）和60cm、90cm（苏联）等行距配置，此种方式的优点是机械易于配套，机采过程中撞落损失少，但这种行距配置并不适合我国新疆棉区"矮、密、早"种植模式，会减少棉田的株数和产量。为适应我国新疆棉区的要求，美国John Deere公司与Case公司及我国新疆新联科技有限责任公司均研制出60cm+30cm行距配置的采棉机。但新疆多家科研单位研究表明：无论何种采棉机在60cm+30cm行距种植模式的棉田中进行采棉作业时，均存在着实际生产率低和撞落棉多的现象。经过多年大量反复的实验，最终在采用66cm+10cm行距这种76cm宽窄行距种植模式下取得了成功[6]。2001年大量的实验表明：相较

于60cm+30cm行距种植模式，76cm等行距种植模式棉花产量减少8.1%～10.2%，而76cm宽窄行种植模式棉花产量仅减少1.8%；而在棉花收获主要指标上，76cm等行距与76cm宽窄行距种植模式没有显著差别。2002年新疆生产建设兵团制定《机采棉田间生产技术规程》《采棉机作业技术规程》两个技术文件[7,8]，对机采棉种植和作业进行了规范，极大地促进了机采棉技术的发展，也最终形成了新疆特色的机采棉种植模式。

二、机采棉种植模式

为便于机械进行作业，根据《机采棉田间生产技术规程》《采棉机作业技术规程》，机采棉株行距配置为：二膜十二行单膜行距10cm+66cm+10cm+66cm+10cm，五膜二十行单膜行距10cm+66cm+10cm，接行行距应控制在（66±2）cm，平均行距38cm。行间播种孔之间呈三角带状分布，株距9～10cm，理论株数17545～19490株，实行精量点播。株行距配置如图2-1所示[4,7-8]。

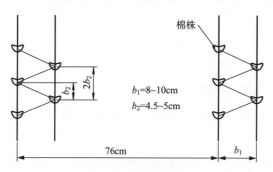

图2-1　株行距配置

采用机采棉种植，在每年4月中旬播种，7月中上旬第一次打顶，8月中旬第二次打顶，植株高度控制在70cm左右，9月上旬喷施脱叶剂，新疆北部地区可晚1～2周，10月初，棉花植株高度一般为65～80cm，吐絮率90%以上，脱叶率85%以上，此时，即可进行机械化采收。达到采收要求的棉田应在一周内完成棉花采收。实践表明，采用机采棉种植模式配置的棉花具有通风透光、植株整齐、植株密度高、抗倒伏性好等优点，比常规模式不但不减产，还有增产的效果，并且，采收成本相较人工低，具有良好的经济效益。截至2012年，新疆生产建设兵团机采棉种植面积达到500万亩，占到棉花播种面积的50%以上[9]。

第二节 机采棉物理参数分析

一、机采棉物理参数测定

实验材料取样地点为石河子总场六分场十号地，实验材料现场采集，采样标准参照我国农业行业标准NY/T 1133—2006的规定进行[10]。通过地块长宽边的中点向对边的中点连十字线，把地块划成4块，随机选对角的两块作为检测样本。沿检测样本（地块）的对角线，从地角算起以1/4、3/4点处为测点，确定4个检测点，再加上两个检测地块的交点，确定出5个检测点的位置。实验棉花品种为新陆早26，为新疆北疆地区主要种植品种，生育期123天，属陆地棉早熟品种，植株通风透光性较好，比较适宜密植，适合机械采摘。采集地块棉田采用66cm+10cm的宽窄行种植模式，于2010年4月28日播种，播种株距为10cm，理论株数17545株，保苗15000株，8月中上旬打顶，9月15日喷洒脱叶剂，于10月6日至10月7日进行采样测试，采样时吐絮率大于90%，脱叶率大于85%，10月8日进行棉花收获，籽棉产量约5100kg/hm²。

实验过程中所用仪器如下：Canon 500D单反数码相机（佳能中国，有效像素：1510万）、MA45快速水分测定仪（德国Sartorius，量程0～45g，精度0.001g，可度性0.01%，温度设定40～160℃）、SPS402F精密电子天平（美国Ohaus Scout Pro，量程0～400g，精度0.01g）、AR847数显式温湿度测试仪（中国香港希玛，温度：量程–10～50℃，精度0.1℃；湿度：量程5.0%～98%RH，精度3%RH）、111N–101V–10G电子数显游标卡尺（桂林广陆数字测控，精度0.01mm）、自制棉株图像采集背板、棉株夹具、皮尺、钢板尺、标志杆等。

机采棉各项物理参数的测试方法如下。

1. 含水率的测试

含水率采用干燥法测定，参照GB/T 6102.1—2006规定进行[11]。测定试样含水率时，将一张干净的干燥纸放入MA45水分测试仪铝碟中，仪器重新置零。用尖弯嘴镊子将适量试样放入 MA45 水分测试仪干燥纸上。称重并记录烘干前试样的质量，准确至 0.001g。设定水分测试仪以（105±3）℃对试样进行烘干，当烘干完成后，仪器自动停止加热并发出提示音，此时读取并记录烘干后试样的质量。含水量的计算公式如下：

$$W = \frac{G - G_0}{G} \times 100\% \qquad (2-1)$$

式中：W——所测棉絮的含水率，%；

　　　G——试样烘干前的质量，g；

　　　G_0——试样烘干后的质量，g。

2. 棉株特性的测定

棉株特性主要包括植株形态、棉株的分枝形态、果枝类型、棉株高度、棉铃在棉株上的分布、最低、最高棉铃位置、每株棉株结铃数、棉株直径等重要信息。这些信息为采摘头核心工作部件的结构设计提供重要的依据。

测量地面上棉株的形态及棉铃分布位置的最简单而又有效的方法是坐标法[2,12]。此次利用图像采集技术对棉株地面上形态进行采集，完成对所需特征数据的采集工作。

测试方法如下：自制一块标注尺寸的网格背景板，背景板材料采用哑光吹塑纸板，减小图像采集过程中光线对采集图像的影响。根据实验棉田的初步调查数据，确定背板图像采集区水平方向坐标尺寸为：−250～+250mm，竖直方向坐标尺寸为：0～950mm，图像采集区底色为黑色，与白色棉铃形成反差，以便采集的棉铃图像在背板上能够清晰地呈现出来；在黑色底色的背板上加以 50mm 间隔尺寸的白色网格线，并在网格线两边进行网格线的坐标尺寸标注。图像采集时，将采样点选取的棉株用园艺剪从棉株子叶节处剪下来备用。棉株图像采集时，在地边采集区，用自制夹具将棉株固定，棉株轴线与地面垂直，背板竖直放置于棉株后 150mm 处，且与棉株轴线平行，调整棉株根部（子叶处）与背景板高度方向零刻度对齐，棉株根部轴线与水平方向零刻度对

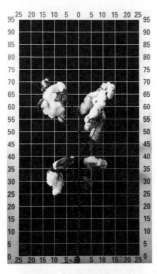

图2-2　棉株图像采集

齐。图像拍摄距离8m，以减小图像采集中的偏差。采集的棉株图像如图2-2所示。根据采集好的图像，可以分析棉株的分枝形态、果枝类型，确定棉铃数量，并根据棉铃在网格中的坐标，确定棉铃在棉株高度方向的位置及分布，并由此确定棉株的形态。

棉株直径测量方法：用游标卡尺测量子叶节以上5cm处棉茎的直径[2]。

3. 棉铃特性的测定

收获期的棉铃主要分为：未开棉铃（青铃）、半开棉铃、全开棉铃（成熟）[13]，如图2-3所示。棉铃直径和棉铃重量是棉铃的主要特性，也是设计胶棒滚筒棉花采摘头关键工作部件结构参数的重要依据。其中，棉铃直径是指棉铃与果柄纵轴垂直断面上的最大直径，使用电子游标卡尺测量。全开棉铃重量测量分全铃重（完整棉铃重量）和单铃重（单个棉铃中籽棉净重），半开棉铃和未开棉铃测量全铃重，棉铃重量使用SPS402F电子天平测量，测量前使用标准砝码对SPS402F电子天平校准。使用MA45快速水分测定仪测试每批样品棉纤维含水率，计算测试样品的平均含水率。上述测试样品被测物理量均于每个采样点随机取1m长度范围内连续选取10个样本测取[2]。

以上测量数据均使用Minitab 16软件做基本描述性统计分析。

（a）未开棉铃　　　　　（b）半开棉铃　　　　　（c）全开棉铃

图2-3　棉铃种类

二、机采棉棉株、棉铃特性分析

1. 棉株特性

实验采集图像200幅，通过对图像的分析及统计，获得的基本实验数据有：棉铃在棉株上的分布（图2-4）、棉株直径分布（图2-5）、棉株高度分布（图2-6）、棉铃沿植株高度分布（图2-7）、棉铃数量分布（图2-8）。

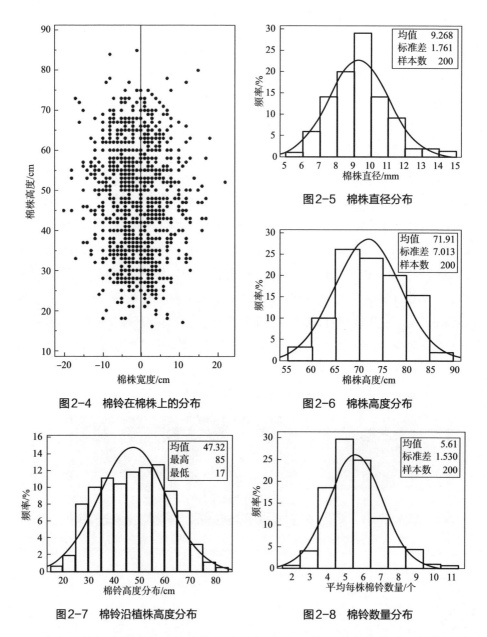

图2-4 棉铃在棉株上的分布

图2-5 棉株直径分布

图2-6 棉株高度分布

图2-7 棉铃沿植株高度分布

图2-8 棉铃数量分布

由上述结果分析可知，该地块种植的新陆早26棉株形态呈筒形，棉株最低高度58cm，最高高度90cm，棉株高度集中分布于60～85cm，集中度95%以上，平均株高71.91cm，棉株高度适中，棉花打顶时机及打顶高度控制良好；棉花行距、株距为10cm，棉株形态呈筒形，直径约40cm，两窄行棉株宽度约50cm。

植株纵横比值（植株纵向高度和横向宽度的比值）约为2，植株通风透光性较好，有利于棉花生长；棉株直径最小5.6mm，最大14.5mm，主要集中分布于7~11mm，平均绵株直径9.27mm，棉茎较粗壮。

通过对200幅棉花图像的分析，果枝类型主要有：零式果枝型（无果节，铃柄直接着生在主茎叶腋间）、有限果枝型（只有一个果节，节间短，棉铃常丛生于果节顶端）、无限果枝型（具有多个果节，条件适宜则不断向前延伸增节）和混合果枝型（有两种或两种以上果枝类型）[14]，如图2-9所示。整体而言，棉株以零式果枝型和有限果枝型占优，棉铃横向分布集中，果枝节间长度小于10cm，果枝与主茎夹角较小，植株紧凑，分枝类型主要为Ⅰ分枝。叶枝数量少，脱叶率高，但是部分脱落的棉叶附着于开放的棉瓣上，这主要是棉叶表面的绒毛钩挂棉纤维所致。结果显示，实验地块，棉株形态呈典型机采棉密植特性。

图2-9中的棉铃最低高度17cm，最高高度85cm，主要集中分布于25~75cm，集中度95%以上，集中程度高，根据统计结果可以看到棉铃在棉株这一区域上分布较均匀；株结铃数最少2个，最多11个，主要集中于4~7个/株，平均铃数5.61个，呈典型机采棉种植模式的特点[15-18]，有利于机械化采摘作业。

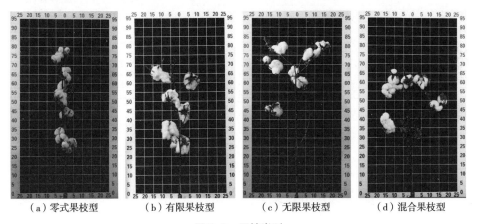

| （a）零式果枝型 | （b）有限果枝型 | （c）无限果枝型 | （d）混合果枝型 |

图2-9 果枝类型

2. 棉铃特性

棉铃的重量和直径如表2-1、表2-2所示，不同开放程度的棉铃，其重量、直径均存在显著性差异。全开棉铃单铃重4.38~8.48g，平均6.07g；直径52.92~88.98mm，平均69.06mm，铃壳开度较大，棉铃吐絮力强，成熟度高，有利于机采作业。未开棉铃直径23.68~34.71mm，平均29.23mm，棉铃大小中等。

不同开放程度棉铃重量不同，主要是由于含水率及棉纤维成熟度不同所致。由于实验地块田间管理规范，采收期棉铃整体成熟度较高，吐絮率90%以上，半开铃、未开铃数量较少，实验地块适合采棉机一次性作业。

表2-1　棉铃重量

棉铃种类		处理项目					
		质量 /g			平均含水率 /%	标准差 ±σ	变异系数 ± V/%
		平均	最大	最小			
全开铃	单铃重	6.07	8.48	4.38	6.78	0.94	15.48
	全铃重	8.47	11.33	5.96		1.197	14.13
半开铃		10.86	16.28	7.11	13.46	2.17	19.99
未开铃		14.46	18.38	10.37	29.87	1.75	12.09

表2-2　棉铃直径

棉铃种类	处理项目			标准差 ±σ	变异系数 ± V/%
	直径 /mm				
	平均	最大	最小		
全开铃	69.06	88.98	52.92	7.47	10.82
半开铃	40.41	50.11	30.18	5.02	12.43
未开铃	29.23	34.71	23.68	2.72	9.30

第三节　机采棉采摘力学特性分析

棉株各部分连结力的大小将直接影响到胶棒滚筒棉花采摘头采摘部件的机械效应，通过对籽棉与铃壳的连结力、籽棉纤维结合力、铃壳与果蒂连结力、果柄与果枝连结力、果枝与棉茎连结力等部分连结强度的测试，有助于分析采摘工作部件的工作机理[2,19]，其结果能够为胶棒滚筒结构参数的合理设计、工作参数合理的选取，提供理论的依据和指导。

一、机采棉采摘力学特性测定

测试地点为石河子总场六分场十号地，采样时间2010年10月7日，温度27℃，相对湿度7.4%。采样时吐絮率大于90%，脱叶率大于85%。实验材料现场采集，实验棉花品种为新陆早26。实验材料为：完全开放的棉铃，保留果柄3~4cm，如图2-10（a）所示；带有铃壳的果柄，保留果柄3~4cm，如图2-10（b）所示；带有棉铃的果枝，保留果枝节间，如图2-10（c）所示；果枝与棉茎，如图2-10（d）所示。采集样品分别用样品袋包装密封，标记编号，每种样品在5个采样点共采集50个，然后带回场部测试。

（a） （b） （c） （d）

图2-10 实验样品

实验过程中所用仪器：MA45快速水分测定仪（德国Sartorius，量程0~45g，精度0.001g，可度性0.01%，温度设定40~160℃），中国香港希玛AR847数显式温湿度测试仪（温度：量程-10~50℃，精度±0.1℃；湿度：量程5.0%~98%RH，精度±3%RH）、GDE-500电动单柱式立式机台（苏州高科，有效行程≤400mm，无级调速0~500mm/min）、50g标准砝码、HF-5推拉力计（艾力仪器，量程5N，精度0.001N）、HF-50推拉力计（艾力仪器，量程50N，精度0.01N）、HF-200推拉力计（艾力仪器，量程200N，精度0.1N）及计算机终端数据采集系统。

机采棉各项采摘力学特性的测试方法：棉花各部分连结力主要包括籽棉与铃壳的连结力、籽棉的纤维结合力、铃壳与果蒂连结力、果柄与果枝连结力、果枝与棉茎连结力。其中，籽棉与铃壳的连结力是指开放棉铃中的棉瓣与棉铃壳之间的连结力；籽棉的纤维结合力是指扯断棉瓣纤维的力；铃壳与果蒂连结力是指铃壳与果蒂上果蒂之间的连结力；果柄与果枝连结力是指果柄与果枝在节间处的连结力；果枝与棉茎连结力是指果枝与棉茎在棉茎节间处的连结力[2]。

测试前，首先设置仪器的重力加速度，使用标准砝码校核三部推拉力计。通过预备测试后，确定使用HF-5推拉力计测定籽棉与铃壳的连结力和籽棉的纤维结合力，使用HF-50推拉力计测定铃壳与果蒂连结力，使用HF-200推拉力计测定果柄与果枝连结力和果枝与棉茎连结力。机采棉采摘力学特性测试实验台如图2-11所示。

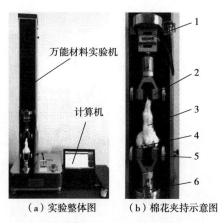

（a）实验整体图　　　（b）棉花夹持示意图

图2-11　机采棉采摘力学特性测试实验台

1. 籽棉与铃壳连结力测定

测试时，先将棉铃果柄垂直夹持在推拉力计的夹具上，调整机台高度，使棉铃中的棉瓣垂落在机台的夹持台钳上，调整棉瓣在台钳上的夹持位置，使棉铃果柄、籽棉夹持点以及推拉力计的测试杆处于同一垂直线上，然后将棉瓣的头部夹持在机台的台钳上，推拉力计置零，开始测试。实验电动机台以10mm/min的速度将籽棉与铃壳分离，与HF-5推拉力计连接的计算机终端数据采集系统记录实验数据。

2. 籽棉纤维结合力测定

从上述实验中同一棉铃上任取下一个棉瓣，调整机台，棉瓣的两端分别夹持在推拉力计夹具、机台夹角上，推拉力计置零，开始测试。实验电动机台以10mm/min的速度将籽棉与铃壳分离，与HF-5推拉力计连接的计算机终端数据采集系统记录实验数据。

3. 铃壳、果柄、果枝连结力的测定

测试方法同上，只是需要更换对应的推拉力计即可，不再赘述。

二、棉花各部分连结力分析

棉花各部分连结力实验结果测试结果见表2-3。结果显示，籽棉与铃壳的连结力最小0.284N，最大1.282N，平均0.565；籽棉纤维结合力最小0.643N，最大1.975N，平均1.256N；铃壳与果蒂连结力最小4.73N，最大44.84N，平均17.43N；果柄与果枝连结力最小12.1N，最大75.3N，平均42.5N；果枝与棉茎连结力最小26.3N，最大178.6N，平均78.1N。对籽棉与铃壳的连结力、籽棉纤维结合力两组数据作独立样本 t 检验，取等方差的 t 值（11.07）与 P 值（0.000），$P < 0.05$。籽棉与铃壳的连结力与籽棉纤维结合力存在显著性差异。各组测试结果与《棉花收获机械译文集》中相同部分的测试结果基本一致。测试结果表明，籽棉与铃壳的连结力、籽棉纤维结合力和铃壳与果枝连结力、果柄与果枝连结力、果枝与棉茎连结力之间存在极显著性差异。籽棉与铃壳的连结力和籽棉纤维结合力之间也有较显著的差异。棉花这些特有的力学特性可以作为设计胶棒滚筒棉花采摘头工作部件的依据。采用工作部件直接打击、梳刷、摩擦方式进行棉花采摘作业，可以通过合理设计工作部件结构和运动参数，满足只采收棉花，而较少破坏棉花上其他部分的农业技术要求，同时采摘过程中由于籽棉与铃壳的连结力和籽棉的纤维结合力之间的差异，也能够保证较少破坏籽棉的完整性，从而避免因为籽棉破碎而导致籽棉等级的降低。除了上述与采摘相关的棉株部分之外，棉株上还存在另外一种重要的部分——棉叶，事实上棉叶是在棉花收获过程中采摘下来的籽棉中主要的杂质成分。在机采棉收获期，棉叶大多数已经脱离（85%以上），没有脱落的部分与果枝或叶枝的连结力非常小[2]，一般小于开放籽棉与铃壳的连结力。这部分棉叶和部分已经脱落而附着于开放棉瓣上的棉叶，大部分都会随同籽棉一同被采摘，最终形成杂质。

表2-3 棉花各部分连结力实验结果

棉花部位	处理项目				
	实验次数	连结力 /N			标准差 ±σ	变异系数 ± V/%
		平均	最大	最小		
籽棉与铃壳	50	0.565	1.282	0.284	0.238	42.21
棉纤维	50	1.256	1.975	0.643	0.371	29.59

续表

棉花部位	处理项目					
	实验次数	连结力 /N			标准差 ±σ	变异系数 ± V/%
		平均	最大	最小		
铃壳与果蒂	50	17.43	44.84	4.73	9.19	52.71
果柄与果枝	50	42.5	75.3	12.1	14.94	35.18
果枝与棉茎	50	78.1	178.6	26.3	35.58	45.55

第四节　机采棉摩擦特性分析

在胶棒滚筒棉花采摘头工作部件的作业过程中，胶棒滚筒上的橡胶棒直接与籽棉接触，除了胶棒对籽棉的打击力之外，胶棒与棉花纤维相对滑动而产生的摩擦力，也直接影响到采摘机对棉花的采摘效果。因此，通过对籽棉与橡胶间的摩擦因数进行测试，能够为胶棒滚筒棉花采摘头工作部件采摘机理的研究提供依据，也能够为胶棒滚筒棉花采摘头的设计提供基础数据支撑。

一、机采棉摩擦因数测定

实验棉花品种为新陆早 26。实验材料为：完全开放的全开棉铃中成熟籽棉、半开棉铃中的半成熟籽棉、未开棉铃中的未成熟籽棉三种，三种籽棉含水率分别为 6.76%、13.16%、26.8%。试样制作：选取不同棉铃中的籽棉，去除其中的棉籽，制备好的棉纤维，分别用快干胶粘贴于滑块下表面，并保证粘贴平整、牢靠，厚度均匀。实验滑块材料为尼龙、碳钢，底部尺寸 50mm×40mm，尼龙块质量 50g，碳钢滑块 300g[2]。实验用橡胶板由青岛橡胶工业研究所提供（长×宽×厚：300mm×100mm×5mm），邵氏硬度 IRHD 为 51 度。

实验过程中所用仪器：SPS402F 精密电子天平（美国 Ohaus Scout Pro，量程

0~400g，精度0.01g）、MA45快速水分测定仪（德国Sartorius，量程0~45g，精度0.001g，可度性0.01%，温度设定40~160℃）、GDE-500电动单柱式立式机台（苏州高科，有效行程≤400mm，无级调速0~500mm/min）、HF-5推拉力计（苏州高科，量程5N，精度0.001N）及其计算机终端数据采集系统。

机采棉摩擦因数的测试方法：分别测定橡胶与不同棉铃内棉纤维（完全开放的成熟籽棉、半成熟籽棉、未成熟籽棉）之间的摩擦因数，摩擦因数测定实验台如图2-12所示。首先用SPS402F测量已粘贴好测试样品的滑块的质量，并记为 m。实验时，将HF-5数字推拉力计安装在GDE-500电动单柱式立式机台上，并将GDE-500电动单柱式立式机台水平放置，固定预先制作好的支架在测试台上，将橡胶板放置于支架上并夹紧。测试时，将已粘贴好测试样品的滑块放在橡胶平板上面，用细线将滑块连结孔与HF-5数字推拉力计的挂钩连接，并保证细线与推拉力计轴线同轴。通过控制面板设定GDE-500电动单柱式立式机台的水平移动速度为2mm/s，接通实验台开关，开始测试。测试数据由计算机终端数据采集系统记录。每种实验样品测试10次，测得数据取平均值。静、动摩擦因数的计算公式如式（2-2）、式（2-3）[1,2]：

$$\mu_{s} = \frac{F_{smax}}{mg} \qquad (2-2)$$

$$\mu_{d} = \frac{F_{d}}{mg} \qquad (2-3)$$

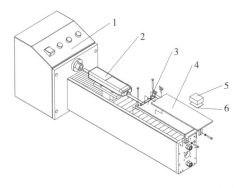
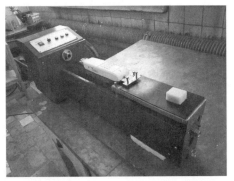

图2-12　摩擦因数测定实验台

1—GDE-500电动单柱式立式机台　2—HF-5数字推拉力计　3—支架　4—橡胶板　5—滑块　6—被测样品

式中：μ_s——静摩擦因数；

$\quad\quad\mu_d$——动摩擦因数；

$\quad F_{smax}$——最大静摩擦力，其值为当滑块刚开始移动时的最大水平拉力值，N；

$\quad\quad F_d$——滑动摩擦力，其值为滑块移动过程中水平拉力的平均值，N；

$\quad\quad m$——滑块质量，kg。

二、棉花成熟度对摩擦因数的影响规律

橡胶与不同类型籽棉之间的静摩擦因数、动摩擦因数：完全开放的棉铃中成熟籽棉、裂口棉铃中的半成熟籽棉、青铃中的未成熟籽棉三种之间的静摩擦因数、动摩擦因数见表2-4，橡胶与成熟籽棉、半成熟籽棉、未成熟籽棉在不同的正压力下静摩擦因数分别为0.604~0.610、0.651~0.657、0.718~0.732。橡胶与成熟籽棉、半成熟籽棉、未成熟籽棉在不同正压力下动摩擦因数分别在0.591~0.592、0.621~0.634、0.680~0.692。

表2-4　棉花与橡胶材料的静摩擦因数、动摩擦因数

籽棉类型	滑块重量 /g	橡 胶	
		静摩擦因数	动摩擦因数
成熟籽棉	50	0.610 ± 0.039	0.592 ± 0.036
	300	0.604 ± 0.043	0.591 ± 0.031
半成熟籽棉	50	0.657 ± 0.034	0.634 ± 0.023
	300	0.651 ± 0.029	0.621 ± 0.019
未成熟籽棉	50	0.732 ± 0.052	0.692 ± 0.048
	300	0.718 ± 0.025	0.680 ± 0.031

两因素方差分析结果显示：正压力的大小对同一种籽棉的静摩擦因数、动摩擦因数影响不显著，可以认为弹性工作元件胶棒打击籽棉时，摩擦因数不会由于施加的压力不同而改变；橡胶材料与三种不同类型的籽棉的静摩擦因数、动摩擦

因数均存在显著性差异。根据文献资料显示[20-23]，其原因可归结于不同类型籽棉的质地和含水率不同，未成熟籽棉含水率较高且纤维表面粗糙无光泽，因此与橡胶的静摩擦因数、动摩擦因数较高；成熟籽棉含水率低且纤维表面光滑有光泽，相对静摩擦因数、动摩擦因数也较低。半成熟籽棉介于两者之间。因此，在弹性工作元件胶棒施于相同正压力的情况下，采摘未成熟及半成熟籽棉所需的力要大于采摘成熟籽棉所需的力。设计中应尽量避免胶棒打击力破坏未开放的棉铃。

第五节　本章小结

棉花的种植模式和采摘期棉花物理特性是设计采棉机采摘部件的重要依据，本章研究通过开展相关的实验测试，获得与胶棒滚筒棉花采摘头收获相关的典型机采棉品种的基本数据，为胶棒滚筒棉花采摘头的设计奠定基础。本章的主要结论如下：

（1）新疆"矮、密、早"机采棉种植模式是在新疆特有的自然资源环境和社会资源条件下经过长期的发展形成，在设计采棉机的实践过程中应首先了解机采棉种植模式的规范并与之相适应。

（2）通过测定典型品种机采棉棉株特性、棉铃特性，获得棉株形态、果枝类型、棉株高度、棉铃在棉株上分布状态等棉株基本物理特性和不同类型的棉铃质量特性、直径特性的基础数据，这些数据对设计胶棒滚筒棉花采摘头关键工作部件结构参数及采摘头整体结构都是必不可少的基础数据。

（3）通过测定棉花不同部分在收获期内基本的力学特性得知，采摘开放籽棉的力远小于破坏棉花上其他部分的力；采下棉花的力也小于拉断棉花的力。这些棉花的基本的力学特性是设计采摘头关键部件工作参数和研究采摘机理的重要依据。

（4）棉花与工作部件的摩擦力对棉花采摘有重要的影响，通过实验装置测定了采摘头工作部件材料与不同开放程度棉铃内棉花纤维之间的静摩擦因数、动摩擦因数。

参考文献

［1］一机部机械院农机所.国内外棉花收获机械专辑［G］.北京：第一机械工业部机械研究院农机所，1975.

［2］中国科学院农业机械化研究所，情报资料室.棉花收获机械译文集［M］.北京：机械工业出版社，1960.

［3］陈发，阎洪山，王学农，等.棉花现代生产机械化技术与装备［M］.乌鲁木齐：新疆科学技术出版社，2008.

［4］李鲁华，马富裕，赖先齐.应用冗余理论分析新疆绿洲"矮、密、早"种植模式［J］.干旱区资源与环境，2006，20(3)：201-204.

［5］国家统计局.2011新疆统计年鉴［J］.北京：中国统计出版社，2012.

［6］新疆生产建设兵团农业局.加快兵团机采棉工程建设全面推进农业现代化进程［J］.中国农垦，2013(1)：11-13.

［7］新疆生产建设兵团农业局.采棉机作业技术规程（试行草案）［J］.新疆农机化，2002（5）：20-21.

［8］新疆生产建设兵团农八师.兵团农八师棉花生产全程机械化技术规程（暂行）及资料汇编［G］.新疆维吾尔自治区：兵团农八师农林牧局，2010.

［9］http://www.zsnews.cn/news/2012/10/17/2265498.shtml.

［10］中华人民共和国农业部.采棉机作业质量：NY/T 1133—2006［S/OL］.［2006-7-10］.http://www.doc88.com/p-3582178863010.html.

［11］中华人民共和国国家质量监督检验检疫总局，中国国家标准化管理委员会.原棉回潮率实验方法　烘箱法：GB/T 6102.1—2006［S］.北京：中国标准出版社，2006.

［12］Fairbank J P, Smith K O. Cotton mechanization in California［J］. Agricultural Engineering, 1950（5）：219-222.

［13］中国农业机械化科学研究院.农业机械设计手册（下册）［M］.北京：中国农业科学技术出版社，2007.

［14］王荣栋，尹经章. 作物栽培学［M］. 北京：高等教育出版社，2005.

［15］邓福军，林海，宿俊吉，等. 棉花种植密度与产量形成的关系［J］. 新疆农业科学，2011，48（12）：2191-2196.

［16］邓福军，林海，韩焕勇，等. 北疆棉花合理密植技术及其机制［J］. 西北农业学报，2011，20（7）：112-117.

［17］毛树春. 我国棉花耕作栽培技术研究和应用［J］. 棉花学报，2007，19（5）：369-377.

［18］张旺锋，王振林，余松烈，等. 种植密度对新疆高产棉花群体光合作用、冠层结构及产量形成的影响［J］. 植物生态学报，2004，28（2）：164-171.

［19］李勇，张宏文，杨涛. 棉花收获期棉絮分离力的研究［J］. 石河子大学学报（自然科学版），2011，29（5）：633-636.

［20］布尚 B. 摩擦学导论［M］. 葛世荣，译. 北京：机械工业出版社，2006.

［21］Altuntas E，Sekeroglu A. Effect of egg shape index on mechanical properties of chicken eggs［J］. Journal of Food Engineering，2008，85（4）：606-612.

［22］Coskuner Y，Karababa E. Physical properties of coriander seeds（Coriandrum sativum L.）［J］. Journal of Food Engineering，2007，80（2）：408-416.

［23］Alayunt F N，Cakmak B，Can H Z. Friction and rolling resistance coefficients of fig［C］. International Symposium on Fig，Izmir：International Society for Horticultural Science，1998：301-304.

第三章

胶棒滚筒棉花采摘头关键部件的理论分析

设计棉花收获机械时，首先应该考虑满足棉花收获的农业技术要求，另外还要满足其他方面的要求，如经济指标、生产率、作业质量等。用机器从开裂的棉铃中采收棉花，比棉花种植机械化的其他过程复杂得多，其复杂性取决于棉花的栽培特性、棉花收获期的形态特征、力学特性及棉花与作业部件之间的相互力学特性等多方面因素。此外，棉花收获机械应该有较低的使用成本和较高的生产率，收获的棉花应该达到棉花收获等级的质量要求[1-2]。

采摘头单体是棉花收获机的核心部件，棉花收获质量的好坏主要取决于采摘头核心工作部件的作业效应，不管采用何种棉花采摘方式，采摘头核心工作部件的作业效应都要达到棉花收获的技术要求。因此，在设计胶棒滚筒式采摘头时，首先应明确其必须具备的技术要求：胶棒滚筒式采摘头能够满足在机采棉种植模式下的作业要求，采摘工作部件应采摘成熟开放的棉铃内的籽棉，并要求采尽，有较高的采净率和较低的撞落棉损失率；尽可能少破坏所采收的棉株上的叶枝、铃壳、果柄等其他杂质，含杂率应尽可能低；减少或不损伤未成熟棉铃、果枝和棉茎；此外，工作部件应不污损棉花及损伤棉籽。基于上述要求，结合胶棒滚筒棉花采摘头工作部件的工作原理，根据机采棉种植模式及其具有的物理特性和采摘工作元件的力学特性，正确合理设计胶棒滚筒的结构、工作参数是非常重要的。

第一节　采摘头结构及工作原理

一、采摘头结构

采摘头单体结构根据新疆机采棉66cm + 10cm或68cm + 8cm宽窄植棉模式设计，采用目前采棉机的通用布置方式[3]，采摘头主要由箱体、扶导器、前送风管、一对胶棒滚筒（由金属滚筒和弹性工作元件胶棒组成）、分动箱、分动大齿轮、立轴锥齿轮传动总成、前悬挂点、后悬挂点、输棉通道等部件组成，如图3-1所示。采摘头采用整体箱式框架结构，沿棉行方向呈"门"式结构，一对胶棒滚筒采用两端支撑，对称布置于"门"式结构的两侧。滚筒外侧为输棉通道，采摘头箱体前端对应于输棉通道位置分别安置有前送风管，下部开口正对于输棉通道。一对扶导器安装于采摘头箱体前部，对棉株起到扶持、导向和压缩作用。采摘头悬挂采用可横向移动、定位销固定横向位置的三点悬挂方式。动力传

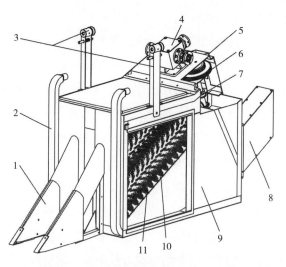

图3-1　胶棒滚筒棉花采摘头结构示意图

1—扶导器　2—前送风管　3—前悬挂点　4—分动箱　5—后悬挂点　6—分动大齿轮
7—立轴锥齿轮传动　8—输棉通道　9—箱体　10—胶棒　11—滚筒

动方式采用机械式传动，采棉机配套动力经联轴器传递至采摘头分动箱、分动大齿轮、立轴锥齿轮，带动胶棒滚筒旋转。采棉机作业时，沿棉行方向行走，采摘头整体框架跨于两窄行棉株上，由工作部件完成棉花收获作业。

二、工作原理

胶棒滚筒棉花采摘头悬挂于牵引式或自走式平台前部随机器前进，由动力输入轴经分动箱等传动机构驱动一对对滚的与地面成一定角度的胶棒滚筒按转速 n 转动，如图3-2所示（视图投影方向为滚筒轴线方向）。

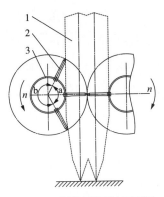

图3-2 胶棒滚筒采摘原理图

1—棉株 2—胶棒 3—滚筒

采摘头作业时，棉株经过采摘头前部的扶导器扶导和压缩进入采棉箱内，棉株进入胶棒滚筒采摘区（图3-2中a区）时，采摘滚筒上的弹性工作元件胶棒在采摘区对棉株进行不断旋转的梳脱抽打，在弹性工作元件对成熟棉铃中棉瓣的击打、梳脱、摩擦作用下，成熟的棉瓣从棉株上被胶棒梳刷分离，分离的棉瓣，在胶棒弹性打击及胶棒高速旋转产生的离心力作用下，在抛离区（图3-2中b区）棉瓣落入采摘头侧面风道，在前送风管的风力及后风管负压风的共同作用下，吹至采摘头后部的输棉管道由负压风输送到集棉箱，实现成熟籽棉的采收。

胶棒滚筒棉花采摘头的工作元件胶棒是超弹性橡胶材料，其弹性模量较小，即使相对于棉秆材料[4-7]。因此在棉花收获作业中，虽然弹性工作元件打击棉株的各个部分是无选择性的。但是，合理设计胶棒滚筒棉花采摘头的结构参数和工作部件的工作参数，在弹性工作部件作用于棉株不同作业对象时，产生的破坏效应却是有选择性的。棉花收获期内，棉花脱叶率85%以上，棉花吐絮率到达90%以上，此时，籽棉和铃壳间的连结力，远小于棉株的其他部分（铃壳与果蒂、棉铃与果柄、果柄与果枝、果枝与棉茎）之间的连结力。胶棒滚筒棉花采摘头采收棉花，弹性工作元件作用于成熟籽棉，主要依靠胶棒的打击力和胶棒与棉纤维之间的摩擦力，使成熟籽棉从棉铃中分离；弹性工作元件作用于铃壳、未成熟棉铃、果枝和棉茎时，自身产生变形而不破坏它们，从而达到棉花收获的农业技术要求。当然，在农业生产中，由于作业对象和作业环境的复杂性，农业机械的作业效应不可能达到理论中的结果，但基于这种机理的作业过程应满足一定的统计概率，即大部分的成熟籽棉及棉株上残留的棉叶、部分铃壳、果柄会被一同采摘下来，同棉花一起被输送至棉箱，棉叶、铃壳、果柄最终形成杂质。

棉花收获过程中，采收的籽棉质量占可收获吐絮棉质量的百分比称为采净率，采收后棉箱内籽棉中所含杂质质量的百分比称为含杂率。它们是设计棉花收获机械主要的作业性能指标。胶棒滚筒棉花采摘头设计时，首先应该满足棉花收获的农业技术要求，另外还要满足其他方面的要求，如经济指标、生产率等[8-10]。

第二节　胶棒滚筒的主要结构参数

胶棒滚筒式采摘头可挂接于牵引式采棉机和自走式采棉机等平台上，适用于新疆66cm + 10cm或68cm + 8cm植棉模式、成熟情况良好的机采棉的机械化采收，胶棒滚筒是本机的关键工作部件，其结构参数直径、长度、胶棒材料和胶棒在滚筒上的排列形式是影响采棉机作业质量的关键参数。胶棒滚筒的这些参数应结合机采棉种植模式及棉花的物理特性，合理确定其尺寸[1,2]。

一、胶棒滚筒的长度及倾角

根据新疆棉区机采棉田间生产技术规程的要求[8]，棉花自然生长高度在70cm时打顶，在棉花收获期，棉株高度控制在65～85cm。为保证采棉机工作部件能够有效的采摘分布于棉株高度内的所有棉铃，并保证采摘部件的机械作用效应，采棉机采摘部件的长度应由棉株最低棉铃高度和最高棉铃高度确定[2]，并由此可确定采摘头的高度。采棉机采摘部件的长度，是由棉株结铃高度、滚筒倾斜角、采摘作业时棉株倾斜角、胶棒滚筒下端离地高度决定的，其原理如图3-3所示。

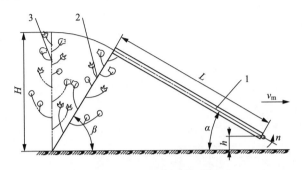

图3-3 胶棒滚筒长度计算

1—滚筒 2—棉株作业状态位置 3—棉株正常状态位置

分析图3-3可知，胶棒滚筒的长度 L（mm）由下式确定：

$$L = \frac{(H \sin \beta) - h}{\sin \alpha} \qquad (3-1)$$

式中：L——胶棒滚筒工作部分长度，mm；

　　　H——棉株直立时的结铃高度，mm；

　　　h——胶棒滚筒下端离地高度，mm；

　　　β——采摘时棉株受到工作部件作用弯曲的倾斜角，一般为52°~55°；

　　　α——滚筒安装的倾斜角，一般为30°。

滚筒安装倾斜角 α 对滚筒的长度有较大影响。如 α=30°时，滚筒的长度约为1130mm左右；α=25°时，滚筒的长度达1450mm左右，此时不仅造成采摘头结构尺寸过大，而且输棉距离变长，导致棉花输送困难。根据国内外相关机型实验表明，滚筒倾斜角 α 一般取30°[2]。

二、胶棒滚筒的直径

胶棒滚筒的直径 D（即胶棒滚筒上胶棒最外端绕滚筒回转中心的尺寸）以及滚筒直径 D_a（即钢质滚筒的直径）应结合采棉机工作模式、棉花种植模式等因素确定。胶棒滚筒的直径取决于棉铃的最下部结铃高度，为减少滚筒对棉株的挤压和保证采摘头底部与地面一定的距离，且在工作时胶棒能够在水平位置采摘棉株最下部棉花，其大小应大于棉株窄行行距而小于最下部结铃高度，其原理如图3-4所示。

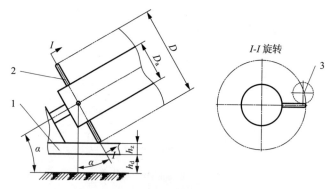

图3-4　胶棒滚筒直径确定

1—采摘头底部凸台　2—胶棒　3—棉铃

　　根据目前采用的种植模式，窄行行距100mm，按照我国新疆棉区机采棉田间生产技术规程的要求，棉株最下部结铃高度不低于150mm。根据国内外的种植实践，密植技术均使棉株最下部结铃高度提高。近几年，我国新疆机采棉广泛采用密植技术，株距100mm，亩保苗16000株以上，通过前面的田间测量表明，棉株最下部结铃高度一般不低于180mm，因此，设计胶棒滚筒直径D时应满足下式：

$$\frac{1}{2}D\cos\alpha + h_z + h_d \leqslant 180 \qquad (3\text{-}2)$$

式中：D——胶棒滚筒直径，mm；

　　　　h_z——采摘头底部凸台高度，mm；

　　　　h_d——采摘头底部离地高度，mm。

　　此外，在采摘作业过程中，当采摘头最前部胶棒将已经采摘下来的棉铃甩入两侧风道里时，为保证风道里面已经采摘下来的籽棉不会被采摘头前部正压风或旋转的胶棒重新缠绕带出，采摘头底部凸台高度h_z应满足下列条件：

$$h_z \geqslant \frac{1}{2}D_k \qquad (3\text{-}3)$$

式中：D_k——全开棉铃直径，约60～80mm。

采摘头作业时，为减少采摘头底部与地面的磨损和由采摘头底部与地面摩擦而造成的工作阻力；为避免工作部件将滴灌带卷入，造成采棉机无法正常工作，采摘头底部应保证足够的离地高度。根据新疆棉花种植平地作业时的农业技术要求，平地后地面不平度应小于50mm[3]。采摘头底部离地高度 h_d 一般应控制在 $30\sim50$mm[3]。因此，取 $h_z=35$mm、$h_d=40$mm，根据式（3-2）、式（3-3）确定胶棒滚筒直径 $D\leqslant240$mm。

滚筒直径的选择，受到这些因素的影响：①棉花枝秆、棉茎过度压缩，会造成棉枝的折断。较长的枝秆如果进入输送通道会造成输送通道的阻塞，使收获作业无法进行。为避免棉花枝秆、棉茎在采摘过程中受到滚筒表面的挤压而产生的破坏，滚筒直径不能过大；②胶棒滚筒在作业时，疏松的棉株形态有助于采摘下来的棉花的通过，且减少棉枝对已采摘下来棉花的钩挂，保持棉花形态的完整；③过大的滚筒直径易造成棉株与滚筒表面的摩擦增大，从而造成作业功耗的增大；④为防止采摘过程中采摘下来的棉瓣卷绕在滚筒上，使采棉性能变坏，滚筒的周长应大于棉瓣拉伸后的长度[1-2]。

基于上述原因，滚筒直径可由式（3-4）、式（3-5）确定。

$$D_a\leqslant D-(l_s+2d_{mg})\qquad（3-4）$$

式中：D_a——滚筒直径，mm；

$\quad\ l_s$——机采棉种植窄行行距，100mm；

$\quad\ d_{mg}$——棉株子叶节直径，mm。

$$\pi D_a>l_m\varepsilon\qquad（3-5）$$

式中：l_m——完全开放棉瓣的长度，约 $30\sim70$mm；

$\quad\ \varepsilon$——棉瓣伸长系数，约 $200\%\sim550\%$。

当 D 取240mm时，由式（3-4）、式（3-5）可以计算出滚筒直径：100mm $\leqslant D_a\leqslant120$mm。

根据上述公式，可以基本确定胶棒滚筒的直径。根据运动学基本理论，滚筒转速一定时，滚筒直径越大，胶棒工作速度越大，胶棒对籽棉的作用力越大，对采摘棉株上开放籽棉越有利。此外，设计胶棒滚筒时还应考虑采摘头整体结构尺寸及相关材料的选择、加工制造、型材的规格等因素。最终确定 $D=240$ mm，$D_a=110$ mm。

三、胶棒在滚筒圆周上的排列

根据胶棒滚筒棉花采摘头的工作原理及前期的实验研究，胶棒滚筒棉花采摘头采摘棉花的工作性能与胶棒的打击次数和打击力度是相关的，而打击次数取决于滚筒转速、采棉机行走速度、胶棒在滚筒上的排列数量。为保证对成熟棉铃的足够打击次数，胶棒滚筒上胶棒的排列数量是棉花采摘性能的一个重要参数。

胶棒在滚筒上的排列数量可以由胶棒沿胶棒滚筒轴向间距和圆周排列数量确定，在确定胶棒在滚筒上的排列数量时，应考虑到棉花收获的农业技术要求，即只采摘开裂棉铃内的籽棉，而不破坏未开放的棉铃。

采摘头作业时，胶棒沿胶棒滚筒轴向间距应满足胶棒对开放棉铃有足够的打击次数和力度，而尽量减少对未开棉铃作用。因此，胶棒沿胶棒滚筒轴向间距的大小应大于未开放棉铃的直径而小于开放棉铃的直径。相邻胶棒轴向排间距 c_a 由式（3-6）确定：

$$D_k > c_a > D_b \qquad\qquad (3-6)$$

式中：c_a——胶棒轴向排间距，mm；

$\quad D_k$——全开棉铃直径，约 $50 \sim 80$mm；

$\quad D_b$——未开棉铃直径，约 $25 \sim 35$mm。

由此，胶棒滚筒轴向间距的取值范围在 $35 \sim 50$mm。其具体取值由实验优化确定。

为保证采摘下来的棉铃及棉瓣不会在胶棒根部卡住而无法脱离，胶棒在滚筒圆周上的排列数量 b 由式（3-7）确定：

$$b \leqslant \frac{\pi \left(D_a + D_k\right)}{d_{lk}} \qquad\qquad (3-7)$$

式中：d_{lk}——全开棉铃铃壳的开度直径，约 $40 \sim 50$mm；

$\quad b$——胶棒在滚筒圆周上的排数，排。

根据上述已经确定的条件，由式（3-7）可算出 $b \leqslant 10$。通常，为了保证旋转胶棒滚筒的动平衡，胶棒在滚筒上的排列数为偶数，因此，排列数量一般取6、8、10。

四、胶棒特性

胶棒是棉花采摘过程中重要的工作部件，其材料特性和结构尺寸对采摘作业时工作部件对棉花的机械效应有直接的影响。在棉花适合采摘的时间里，由于开放的棉花与棉株上其他部分（铃壳、未成熟棉铃、棉枝）有明显差别的力学特性，胶棒在工作中产生打击力应满足大于棉花与铃壳的连结力，而小于棉花其他部分连结力的条件，才能获得满足棉花收获的农业技术要求。因此，胶棒应满足采摘棉花的力学特性。此外，在采摘过程中，胶棒受到铃壳、棉铃、枝秆、棉茎的摩擦、冲击作用，会产生频繁的弯曲、牵扯、磨损，导致胶棒断裂、破损、磨损等，从而降低胶棒滚筒棉花采摘头的采摘性能而导致工作部件的失效，胶棒的材料必须满足一定工作寿命。笔者使用的胶棒由国家科技支撑计划项目合作单位青岛橡胶工业研究所研制。经过反复的研究和大量实验，确定了胶棒的技术特性，见表3-1。该产品质量可靠，除具有耐磨、耐老化、耐撕裂、耐曲挠等技术要求外，还具有弹性好、硬度适中等特性，能够满足棉花采摘的技术要求。

表3-1　胶棒技术特性

项目	指标	实验方法
硬度（邵氏 A）/ 度	51	GB/T 531.1—2008
拉伸强度 /MPa	14.8	GB/T 528—2009
扯断伸长率 /%	660	GB/T 528—2009
撕裂强度 /(kN · m^{-1})	54	GB/T 528—2009
阿克隆磨耗 /(cm^3 · 1.6km^{-1})	0.34	GB/T 1689—1998
曲挠龟裂 / 千周	42	GB/T 13934—2006
密度 /(g · cm^{-3})	1.14	GB/T 533—2008
弹性模量 E /MPa[31]	3.02	—
尺寸（长 × 直径）/（mm × mm）	74 × Φ10	—

第三节　胶棒滚筒运动学分析

一、胶棒滚筒运动分析

采棉机工作时，沿采棉机前进方向，斜置的胶棒滚筒一面旋转，一面随采棉机前进，因此胶棒任意一点运动的绝对行走速度v是该点绕滚筒回转轴旋转的圆周线速度v_p和采棉机行走速度v_m在这一点两种运动在其矢量平面内的合成速度，其轨迹为该点旋转圆周沿前进方向拉伸构成的椭圆柱面上的螺旋线，其矢量平面为过该点椭圆柱面的切平面。以沿前进方向左侧摘锭上任意位置胶棒旋转中心为原点建立坐标系，x轴正向和采棉机前进方向一致，y轴正向垂直向上，z轴正向垂直xy平面向外，如图3-5所示，图示为采摘头左侧胶棒滚筒，旋转方向为逆时针方向。

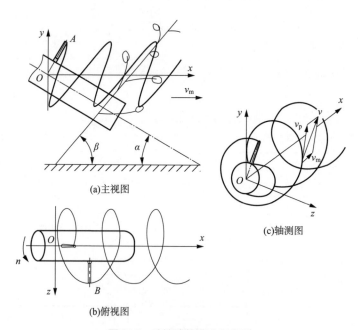

(a)主视图

(b)俯视图

(c)轴测图

图3-5　胶棒滚筒运动示意图

设胶棒初始位置在 xy 平面内，列出胶棒在两滚筒中点 A 点的参数位移方程：

$$\begin{cases} x = v_{\mathrm{m}}t + R\cos\omega t \cdot \sin\alpha \\ y = R\cos\omega t \cdot \cos\alpha \\ z = R\sin\omega t \end{cases} \qquad (3-8)$$

式中：v_{m}——采棉机行走速度，m/s；

$\quad\quad$ R——胶棒在 A 点转动半径，m；

$\quad\quad$ ω——滚筒角速度，r/s。

上式表示了胶棒的绝对运动，其运动轨迹随着 ω、v_{m}、α 的不同而具有不同的形状和特性，胶棒不同位置上的点具有同样的性质。将式（3-8）对时间求导数，可得胶棒端点各轴方向的分速度，如式（3-9）所示。

$$\begin{cases} v_x = \dfrac{\mathrm{d}x}{\mathrm{d}t} = v_{\mathrm{m}} - R\omega\sin\omega t \cdot \sin\alpha \\ v_y = \dfrac{\mathrm{d}y}{\mathrm{d}t} = -R\omega\sin\omega t \cdot \cos\alpha \\ v_z = \dfrac{\mathrm{d}z}{\mathrm{d}t} = R\omega\cos\omega t \end{cases} \qquad (3-9)$$

胶棒 A 点绝对速度 v 为：

$$v = \sqrt{v_x^2 + v_y^2 + v_z^2} = v_{\mathrm{m}}\sqrt{1 + (\dfrac{R\omega}{v_{\mathrm{m}}})^2 - 2\dfrac{R\omega}{v_{\mathrm{m}}}\sin\omega t\sin\alpha} \qquad (3-10)$$

其中，$R\omega = v_{\mathrm{p}}$ 是胶棒端点 A 点的圆周线速度，令 $K = R\omega/v_{\mathrm{m}}$，则式（3-10）可表示为式（3-11）：

$$v = v_{\mathrm{m}}\sqrt{1 + K^2 - 2K\sin\omega t\sin\alpha} \qquad (3-11)$$

式中：K——胶棒端点 A 点圆周线速度与采棉机作业速度的比值，又称采摘头采摘速比。K 的大小对胶棒打击棉铃的工作角度、运动轨迹及采摘头工作状况有重要的影响。当滚筒安装倾斜角 α 为 30°，且胶棒运动到采摘区水平位置时，如图 3-5（b）中的 B 点，此时 $\sin\omega t = -1$，式（3-11）可简化为式（3-12）：

$$v = v_{\mathrm{m}}\sqrt{1 + K + K^2} \qquad (3-12)$$

上式胶棒 B 点绝对速度 v 又称采棉工艺速度，其大小决定了采摘头工作时胶棒对作业对象（棉花、棉枝、棉茎等）的作用强度和次数，是影响采棉机作业质量和性能的主要因素。

合适的采棉工艺速度应根据采摘部件的材料、棉花种植模式、品种、生长情况等因素来确定，据国内外资料和实验研究表明，采用刚性材料作为工作部件的采摘滚筒，采棉工艺速度一般为 3~4 m/s；采用柔性材料的作为工作部件的采摘滚筒，采棉工艺速度一般为 6~7 m/s [2]。由于关键部件材质、棉花品种、种植模式等因素存在差异，本机采用的采棉工艺速度在第六章中由实验优化确定。

二、采摘工作角 β

采摘头工作时，棉株在胶棒的旋转打击和机器前进推挤作用下，棉株会弯曲成一定的角度，其大小与胶棒在采摘区内的绝对速度与机器作业速度之间的采摘工作夹角 β（采摘工作角）基本一致，如图 3-5 所示。在采摘区内胶棒打击棉铃的采摘工作角 β 可由余弦定理确定，如式（3-13）所示。

$$\beta = \arccos\left(\frac{v^2 + v_m^2 - v_p^2}{2v \cdot v_m}\right) \qquad (3\text{-}13)$$

式中：β——采摘工作角，（°）。

将式（3-12）及 $v_p = R\omega$ 代入式（3-13），得式（3-14）：

$$\beta = \arccos\left(\frac{1 - K\sin\omega t\sin\alpha}{\sqrt{1 + K^2 - 2K\sin\omega t\sin\alpha}}\right) \qquad (3\text{-}14)$$

当胶棒运动到采摘区水平位置时，即图 3-5（b）中的 B 点，此时 $\sin\omega t = -1$，采摘工作角 β 达到最大，如式（3-15）所示。

$$\beta = \arccos\left(\frac{1 + K\sin\alpha}{\sqrt{1 + K^2 + 2K\sin\alpha}}\right) \qquad (3\text{-}15)$$

由式（3-15）可知 β 是 K 的函数，绘制 K 在区间 [1，20] 时 β—K 函数图形，α 取 30°，并取 25°、35° 对比，见图 3-6。

由此可以得出 K 值对采棉质量影响：

（1）当 $K < 5$ 时，曲线斜率较大，表明 β 变化较大。K 较小时，β 角也较小，采棉机工作时，在胶棒打击、推拥的作用下，棉株弯曲得越厉害，棉株被破坏倒

伏的可能性越大，易造成棉花无法采摘。此外，棉株振动幅度大，以及采摘下来的棉瓣会在离心力作用下甩向机器的前方，都会造成挂枝棉、落地棉增多，采净率下降。

（2）当 $K > 5$ 时，曲线趋于平缓。其中，K 值取 $5 \sim 10$ 时，β 约 $52° \sim 55°$；$K \to +\infty$ 时，β 趋近于 $90° - \alpha$。理论上 β 越大，棉株弯曲越小，即 β 越大，对采棉越有利。由 $K = R\omega/v_{\mathrm{m}}$ 可知，增大 R、ω 或减少 v_{m}，都可使 K 增大。由于种植模式限制了 R 的取值，且为保持一定的生产率，v_{m} 取值不宜过小。因此，K 值主要取决于 ω 的大小，即滚筒转速的大小。滚筒转速的提高，K 值增大。由式（3–15）可知，K 值增大，采棉工艺速度增大，胶棒对棉株的打击力和梳脱作用变大，采棉机采净率提高。但过大的采棉工艺速度易导致棉铃连同棉枝一起被打断，导致果枝增多，含杂率上升。而且采摘下来的棉瓣含有过多的棉枝会造成棉花风力输送困难，甚至堵塞，影响采棉机正常工作；并且棉枝是一种很难清理的杂质，尤其在清杂过程中棉枝上脱离的棉皮混入籽棉后，无法清除，直接降低棉花的品级。

（3）由图 3–6 可知，在相同 K 值下，α 增大，β 减小；α 减小，β 增大。K 越大，β 越趋近于 $90° - \alpha$，即 α 与 β 互为余角。根据前面分析，较大的 β 有利于棉花采摘质量，因此，较小的 α 对采摘质量是有利的，但 α 越小，采摘头结构尺寸越大，输棉距离越长，会给籽棉风送系统带来不利影响，一般 α 取 $30°$ 较适宜。

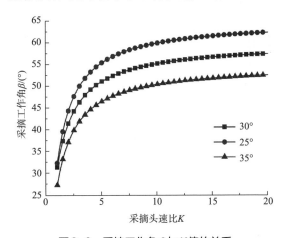

图 3–6　采摘工作角 β 与 K 值的关系

第四节　棉花采摘动力学分析

根据胶棒滚筒采摘棉花的工作原理，工作部件主要依靠弹性工作元件胶棒对开放棉铃的打击、梳刷、摩擦等力学行为，破坏成熟籽棉与棉铃连结阻力，实现成熟籽棉与棉铃的分离，完成棉花的收获。通过对棉花采摘期内棉花各部分组织分离所需连结力的研究发现，棉花各部分连结力是存在显著差别的。理论上在相同的工作部件结构及作业参数下，弹性工作元件胶棒作用于作用对象的力（主要是碰撞力和摩擦力）大于籽棉从铃壳中分离的力而小于破坏棉株其他部分的力，就可以实现对棉花有选择性的采摘，即只采摘开放成熟籽棉，而不破坏或不损伤棉花其他部分。因此，在满足棉花收获的农业技术要求前提下，通过设计合理的结构及运动参数，有效控制弹性工作元件打击力度及打击次数，就可以达到有效采摘开放的籽棉，较少破坏棉株上的铃壳、细小枝秆和不破坏未成熟棉铃的目的。因此分析采摘过程中作业与被作业对象之间力的关系对优化工作部件结构参数及合理选择作业参数是非常重要的。

一、胶棒打击力分析

农业机械中，采用橡胶、尼龙、非金属合成材料等弹性材料制作工作部件的机具不乏先例。茶叶收获机械中的选收式采茶机，其工作原理是使用橡胶采摘指，以一定的速度打击茶叶的芽叶，根据芽叶老嫩枝不同的力学特性，将嫩枝打断，而打击老梗时采摘芽叶并且不破坏它，实现对茶叶的有选择采摘。其采摘工作部件的设计，首先通过对芽叶物理机械特性的测定，确定不同芽叶折断时的临界折断力、芽叶折断角、芽叶的挠度等参数和橡胶采摘指的材料特性，应用材料力学动冲击理论，确定合理的撞击速度，实现芽叶有选择的采摘[11]；甘蔗收获机械中甘蔗剥叶机使用弹性胶指进行剥叶作业，其剥叶机理是利用弹性胶指对蔗叶冲击力和弹性胶指与蔗叶之间的摩擦力共同作用破坏蔗叶与蔗茎的连结力，实现甘蔗的剥叶。理论分析和实验研究表明，剥叶滚筒转速、剥叶元件材料、剥叶元件排列形式等对剥叶质量有较大影响[12-16]；此外，师清翔、刘师多等人针对谷物柔性脱粒问题进行了控速喂入柔性脱粒机理研究，证明了柔性谷物脱粒系统的可行性及适用性[17-18]。谢方平、罗锡文等人应用能量法阐述了谷物柔性脱粒动力学机理[19-21]。上述项目研究过程中都使用了动冲击理论来解释相关的物理力学过程。

1. 胶棒打击动力学基础

在棉花采摘过程中，随滚筒高速旋转的弹性工作元件胶棒打击成熟籽棉、棉铃、果枝、棉茎等部分的力学过程，可等效看作材料力学中悬臂梁受到高速运动物体撞击的问题。其作用过程中，被作用对象承受的最大破坏力是撞击瞬间的冲击载荷。根据材料力学中相关理论，杆件受到运动物体在极短的时间撞击时产生的载荷，即为冲击载荷。被撞击物体所受的冲击载荷通常是撞击物体自身重量的数十、数百倍，甚至更高。撞击速度越快，冲击载荷就越大，比如鸟撞飞机就可产生鸟自身重量的几万倍的冲击力，造成飞机被撞部位的严重破坏[22-23]。

由于撞击时间极短，速度变化很大，加速度很难计算和测量，故无法使用"动静法"求解。由于撞击问题的精确计算十分复杂，所以国内外都是用近似的能量法来计算冲击载荷[24-26]。在计算冲击载荷时，一般作以下假定：①撞击物变形很小，可视为刚体；②撞击过程中只有动能与势能的转化，略去撞击过程的能量损耗[27-29]。

为计算采摘过程中弹性工作元件胶棒打击棉花时的冲击载荷，以棉铃为例进行分析，由于棉铃是由较硬的铃壳包裹着的，因此在撞击中可将棉铃看作刚体。对整个撞击过程，系统可简化成质量为 m_1 的棉铃以速度 v_1 运行，撞击可简化为端部，因此可将固定在滚筒上的弹性橡胶棒等效看作弹性悬臂梁受到棉铃的反力作用而发生变形，即将胶棒在滚筒上的安装位置当作弹性悬臂梁的固定点 B，胶棒的端部 E 点作为弹性悬臂梁被冲击点，撞击物棉铃 m_1 从高度 h 的位置落下，获得速度 v_1 撞击弹性悬臂梁胶棒端部，建立等效的弹性悬臂梁动冲击计算模型。其原理如图3-7（a）所示。

根据能量守恒基本方程可得式（3-16）：

$$T + V = U_d \qquad\qquad (3\text{-}16)$$

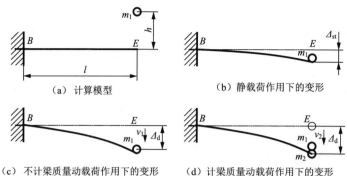

（a）计算模型   （b）静载荷作用下的变形

（c）不计梁质量动载荷作用下的变形   （d）计梁质量动载荷作用下的变形

图3-7　冲击载荷作用模型

式中：T——撞击过程中撞击物减少的动能，J；

　　　V——撞击过程中撞击物减少的势能，J；

　　　U_d——撞击过程中被撞击弹性悬臂梁增加的弹性势能，J。

当不计悬臂梁质量时，撞击过程中撞击物m_1失去的总能量E_0等于弹性悬臂梁获得的弹性势能U_d，当悬臂梁达到最大变形Δ_d时，撞击物m_1势能减少$V=m_1 g \Delta_d$，动能减少$T=\dfrac{1}{2}mv_1^2$，其失去的总能量如式（3-17）所示：

$$E_0 = \frac{1}{2}m_1 v_1^2 + m_1 g \Delta_d = U_d \qquad （3-17）$$

式中：E_0——撞击物m_1失去的总能量，J；

　　　m_1——撞击物m_1质量，kg；

　　　v_1——撞击物m_1初速度，m/s；

　　　Δ_d——悬臂梁最大动变形，m。

设静载$m_1 g$作用下于弹性悬臂梁端部产生的静挠度为Δ_{st}，如图3-7（b）所示。考虑橡胶在小变形中可看作是线弹性材料[30-31]，则载荷与变形的关系如式（3-18）所示：

$$\delta = \frac{mg}{\Delta_{st}} = \frac{F_d}{\Delta_d} \qquad （3-18）$$

式中：δ——弹性悬臂梁的刚度系数；

　　　F_d——冲击载荷，N；

　　　Δ_{st}——弹性悬臂梁端部受静载$m_1 g$作用所产生的静挠度，m。

弹性悬臂梁获得的弹性势能如式（3–19）所示：

$$U_{\mathrm{d}} = \frac{1}{2} F_{\mathrm{d}} \varDelta_{\mathrm{d}} = \frac{1}{2} \delta \varDelta_{\mathrm{d}}^2 = \frac{1}{2} m_1 g \frac{\varDelta_{\mathrm{d}}^2}{\varDelta_{\mathrm{st}}} \tag{3–19}$$

将式（3–19）带入式（3–17），可得式（3–20）：

$$\begin{aligned}
\varDelta_{\mathrm{d}} &= \left(1 + \sqrt{1 + \frac{2h}{\varDelta_{\mathrm{st}}}}\right) \varDelta_{\mathrm{st}} \\
&= \left(1 + \sqrt{1 + \frac{v_1^2}{g\varDelta_{\mathrm{st}}}}\right) \varDelta_{\mathrm{st}} \\
&= K_{\mathrm{d}} \varDelta_{\mathrm{st}}
\end{aligned} \tag{3–20}$$

式中：K_{d}——不计胶棒质量时的冲击动载荷系数。

不计胶棒质量时的冲击动载荷系数计算公式如式（3–21）所示：

$$\begin{aligned}
K_{\mathrm{d}} &= 1 + \sqrt{1 + \frac{2h}{\varDelta_{\mathrm{st}}}} \\
&= 1 + \sqrt{1 + \frac{v_1^2}{g\varDelta_{\mathrm{st}}}}
\end{aligned} \tag{3–21}$$

当撞击物的质量与被撞击物质量的比值不是很大时，根据以上假设计算的冲击动载荷系数往往偏大，其质量比 $\frac{m_2}{m_1} \geqslant \frac{1}{10}$ 时，式中 m_2 为弹性悬臂梁质量，就必须考虑撞击过程中其势能的减少，需要根据撞击物和被撞击物的质量进行修正[27]。由于相对于棉瓢、棉铃来说，被冲击物弹性悬臂梁的质量较大，不能忽略。

下面考虑不忽略弹性悬臂梁（胶棒）质量时冲击动荷系数 K_{d}。弹性悬臂梁失去的势能等于撞击开始时获得的动能。为计算此动能，假设撞击物 m_1 和当量质量 ηm_2 的弹性悬臂梁碰撞是非弹性的，其中 η 为修正系数，碰撞后以共同速度 v_2 运动。由动量守恒定律有 $m_1 v_1 = (m_1 + \eta m_2) v_2$，碰撞后两物体以共同速度 v_1 撞击一无质量的弹性悬臂梁，撞击动能为式（3–22）：

$$T = \frac{1}{2}(m_1 + \eta m_2) v_2^2 = \frac{m_1}{m_1 + \eta m_2} \cdot \frac{1}{2} m_1 v_1^2 = \frac{mgh}{1 + \dfrac{\eta m_2}{m_1}} \tag{3–22}$$

式中：v_2——撞击后撞击物与被撞击物黏附一起的速度，m/s；

m_2——弹性悬臂梁质量，kg；

η——质量修正系数。

假定撞击系统具有动能 T 时，对应撞击物 m_1 下落高度 h_1，则有 $m_1 g h_1 = T$，可得 $h_1 = h/(1+\eta m_2/m_1)$，以 h_1 代替 h，可得不忽略弹性悬臂梁（胶棒）质量时冲击动荷系数式（3-23）：

$$
\begin{aligned}
K_d &= 1 + \sqrt{1 + \dfrac{2h}{\left(1 + \dfrac{\eta m_2}{m_1}\right)\Delta_{st}}} \\
&= 1 + \sqrt{1 + \dfrac{v_1^2}{\left(1 + \dfrac{\eta m_2}{m_1}\right)g\Delta_{st}}}
\end{aligned}
\tag{3-23}
$$

设 $\gamma = m_2/m_1$，则上式可表示为式（3-24）：

$$
\begin{aligned}
K_d &= 1 + \sqrt{1 + \dfrac{2h}{(1+\eta\gamma)\Delta_{st}}} \\
&= 1 + \sqrt{1 + \dfrac{v_1^2}{(1+\eta\gamma)g\Delta_{st}}}
\end{aligned}
\tag{3-24}
$$

式中：γ——被撞击物与撞击物质量比。

根据求得冲击动荷系数，即可计算出最大冲击力 P_{max}，如式（3-25）所示：

$$
P_{max} = m_1 g K_d
\tag{3-25}
$$

2. 胶棒的弹性冲击动载荷系数

由上述分析可知，当悬臂梁的质量较小时，为了简化计算，假设悬臂梁为一无质量的弹性体，撞击物一旦与悬臂梁相接触，撞击物就附着于悬臂梁而成为一个运动系统，并略去撞击过程中的能量损失，全部撞击动能均转变为悬臂梁的势能。所以这一算法所得的冲击动载荷系数，与实际的冲击动载荷系数相比是偏大的。当悬臂梁的质量较大时，为了简化计算，假设悬臂梁的质量以其当量质量来代替，把当量质量集中地放在悬臂梁的受撞点上，悬臂梁本身成为一个无质量的弹性体，并认为撞击有两个阶段。在第一阶段，悬臂梁实际没有发生变形，以撞击物的速度与悬臂梁受撞击截面处速度均达到一个共同值而告结束；在第二阶段，撞击物与悬臂梁的受撞击截面以同一速度运动，好像撞击物完全固定在悬臂梁受撞击截面上，并且整个悬臂梁均产生变形，以撞击物与悬臂梁受撞截面的速度减小到零而结束。所以这一算法所得的冲击动载荷系数与实际的冲击动载荷系数相比是偏小的。此外，若撞击物本身发生较大弹性变形，甚至撞击过程并非弹性碰撞，则上述第二个假设也会引起冲击动载荷系数计算的较大误差[32-34]。

弹性工作元件胶棒在撞击棉株上不同作业对象时，撞击过程是有所区别的，胶棒撞击成熟籽棉时，籽棉是由松软的纤维组织包裹棉籽组成的，胶棒接触籽棉后发生塑性变形，撞击过程可以看作是一种塑性碰撞。而棉株上的铃壳、果枝、棉茎可以认为是木质化的结构组织，参考相关文献[1]，采摘期内，可以将它们看作是一种强度均匀的物体。因此，计算棉花采摘工作过程中，在其相应的破坏范围内的变形，可以采取材料力学和弹性理论公式[1,35]。这样，弹性工作元件胶棒与棉花不同部分的撞击，可以近似看作是弹性碰撞。为了更准确地计算采摘过程棉花所受到的冲击力，下面将结合碰撞理论改进弹性冲击动载荷系数的算法[12]。

由上述分析，对弹性工作元件胶棒采摘棉花的过程作如下假设：①胶棒打击成熟籽棉发生非弹性碰撞，即塑性碰撞，碰撞后籽棉和胶棒黏附成一体，以共同速度运动；②除籽棉外，胶棒打击棉株其他部分，均认为是弹性碰撞。其中，棉株其他部分材料均假设为刚体；③撞击过程中只有动能、势能、变形能的转化，略去冲击过程的其他能量损耗，如热能、声能等。

已知质量为 m_1 的冲击物（棉瓣、铃壳、整个棉铃等），质量为 m_2 的被冲击胶棒，相应于冲击处的被撞击胶棒的当量质量 ηm_2。把弹性胶棒的当量质量放置在胶棒的受碰撞端部的截面处，则胶棒成为一个无质量的弹性体（图中弹簧），原模型简化为如图3-8所示的系统。

假设冲击过程有两个阶段。冲击物 m_1 接触到胶棒当量质量 ηm_2 以前的一瞬间，m_1 的速度为 v_1，胶棒当量质量的速度为 $v_2=0$，冲击第一阶段过程中，冲击物与被冲击物，既有局部弹

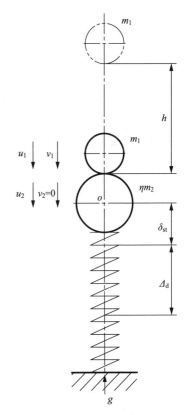

图3-8 考虑恢复系数的碰撞模型

性变形，又有局部塑性变形，并认为所损失的动能完全转化为被冲击物的塑性变形，而此时无质量的弹性体胶棒没有动弹性变形。若材料给定的冲击物与被冲击物的碰撞恢复系数为κ，则对应于上述的弹性冲击，有$0 \leqslant \kappa \leqslant 1$。按理论力学中碰撞（冲击）的分类，$\kappa=1$为完全弹性碰撞，$\kappa=0$为塑性碰撞，$0<\kappa<1$为弹性碰撞[12]。按冲击过程中的动量守恒定律，可得在冲击结束后它们各自的速度如式（3-26）所示：

$$\begin{cases} u_1 = \dfrac{(m_1 - \kappa \eta m_2)v_1}{m_1 + \eta m_2} \\ u_2 = (1+\kappa)\dfrac{m_1 v_1}{m_1 + \eta m_2} \end{cases} \quad (3\text{-}26)$$

式中：κ——碰撞恢复系数；

    u_1——碰撞后m_1具有的速度，m/s；

    u_2——碰撞后m_2具有的速度，m/s。

由式（3-26）可见，随着m_1、m_2的不同，u_1与u_2或为同向，或为反向。根据胶棒采摘棉花的实际冲击过程，u_1与u_2同向。同时，由于实际采摘过程中的冲击对象都是有约束的，故在冲击的第二阶段，冲击与被冲击物的速度均很快减小，最后以无质量的胶棒（弹簧）产生最大的动弹性变形Δ_d而结束。为简化计算，忽略冲击第二阶段中产生的和被转化的塑性变形能。按能量守恒定理，冲击物m_1和被冲击物当量质量m_2的动能和势能一起，完全转变为胶棒（弹簧）的动弹性变形能U_d，即式（3-27）：

$$\frac{1}{2}m_1 u_1^2 + \frac{1}{2}\eta m_2 u_2^2 + m_1 g \Delta_d + \eta m_2 g \Delta_d = \int_{\delta_{st}}^{\delta_{st}+\Delta_d} p\,\mathrm{d}\Delta = U_{st}K_d^2 + \eta m_2 g \Delta_d \quad (3\text{-}27)$$

式中：δ_{st}——被冲击胶棒的当量质量ηm_2作为静载荷作用于弹簧上产生的静弹性变形量，mm；

    p——单位变形量冲击物与被冲击物之间的冲击力，N；

    U_{st}——m_1作为静载荷作用于弹簧上产生的静弹性变形能，J。

将$\Delta_d = K_d \Delta_{st}$带入式（3-27），得式（3-28）：

$$U_{st}K_d^2 - m_1 g K_d \Delta_{st} - (\frac{1}{2}m_1 u_1^2 + \frac{1}{2}\eta m_2 u_2^2) = 0 \quad (3\text{-}28)$$

解式（3-28），为了求出撞击时的最大弹性动载荷系数，在下式根号前取正号，故得式（3-29）：

$$K_d = 1 + \sqrt{1 + \frac{\frac{1}{2}m_1 u_1^2 + \frac{1}{2}\eta m_2 u_2^2}{\frac{1}{2}m_1 g \Delta_{st}}} \tag{3-29}$$

将式（3-26）带入，经化简得式（3-30）：

$$K_d = 1 + \sqrt{1 + \frac{2h(1+\eta\frac{m_2}{m_1}\kappa^2)}{(1+\eta\frac{m_2}{m_1})\Delta_{st}}}$$

$$= 1 + \sqrt{1 + \frac{v_1^2(1+\eta\frac{m_2}{m_1}\kappa^2)}{(1+\eta\frac{m_2}{m_1})g\Delta_{st}}} \tag{3-30}$$

由 $m_2/m_1 = \gamma$，$v_1 = v$，v 为胶棒滚筒的工艺速度。则式（3-30）可写成式（3-31）：

$$K_d = 1 + \sqrt{1 + \frac{2h(1+\eta\gamma\kappa^2)}{(1+\eta\gamma)\Delta_{st}}}$$

$$= 1 + \sqrt{1 + \frac{v^2(1+\eta\gamma\kappa^2)}{(1+\eta\gamma)g\Delta_{st}}} \tag{3-31}$$

式（3-31）即为胶棒滚筒采摘棉花时，考虑碰撞恢复系数的冲击载荷系数计算的一般公式。式中 $\eta=33/140$[27]，Δ_{st} 由式（3-32）给出：

$$\Delta_{st} = \frac{m_1 g l^3}{3EI} \tag{3-32}$$

式中：l——悬臂梁（胶棒）长度，m；

E——悬臂梁（胶棒）材料的弹性模量，MPa；

I——悬臂梁（胶棒）的横截面中性轴的惯性矩，$I=\pi d_r^4/64$，m⁴。

根据对棉花物理机械特性的研究，本文只讨论棉花最易破坏的部分，即成熟的棉铃（含籽棉、铃壳）受到弹性工作元件胶棒最大撞击时的冲击力。弹性工作元件胶棒在撞击棉株上籽棉和棉铃时，撞击过程可分为两种碰撞情况。

（1）胶棒撞击成熟籽棉时，发生塑性变形，撞击过程可以看作是一种塑性碰撞。碰撞系数 $\kappa=0$，且 $\frac{1}{2}mv^2 = mgh$，$v^2=2gh$，$\frac{v^2}{g}=2h$，由式（3-31）得最大弹性动载荷系数为式（3-33）：

$$K_{\mathrm{d}} = 1 + \sqrt{1 + \frac{2h}{(1+\eta\gamma)\varDelta_{\mathrm{st}}}}$$
$$= 1 + \sqrt{1 + \frac{v^2}{(1+\eta\gamma)g\varDelta_{\mathrm{st}}}} \qquad (3-33)$$

（2）棉株上的铃壳、果枝、棉茎是木质化的组织结构，在采摘期内，可以将它们看作是一种强度均匀的物体，在计算工艺过程中，在其相应的破坏范围内变形，就可以采取材料力学和弹性理论公式[1]。因此，弹性工作元件胶棒与它们的撞击，可以看作是弹性碰撞，碰撞系数 $0 < \kappa < 1$。由于橡胶是超弹性材料，$\kappa \approx 1$[36]，在设计胶棒参数时，为评估胶棒可能对成熟籽棉之外部分的最大破坏程度，可以假设 $\kappa = 1$，则这时计算的动载荷系数为最大弹性动载荷系数，如式（3-34）所示。

$$K_{\mathrm{d}} = 1 + \sqrt{1 + \frac{2h}{\varDelta_{\mathrm{st}}}}$$
$$= 1 + \sqrt{1 + \frac{v^2}{g\varDelta_{\mathrm{st}}}} \qquad (3-34)$$

由式（3-33）、式（3-34）可知，计算胶棒打击籽棉时，是按照动载荷系数下限值来计算的，计算胶棒打击棉铃时，是按照动载荷系数上限值来计算的。这符合在设计胶棒时满足实际采摘的要求，即胶棒对籽棉的最小冲击力应大于籽棉从棉铃中分离的力，胶棒对棉株其他部分的最大冲击力应小于棉株其他部分的连结力。

动荷系数与弹性工作元件撞击棉花的速度成正比，撞击速度越大，动载荷系数越大，撞击瞬间产生的冲击力就越大。在工作部件结构、材料参数相同，撞击对象相同的情况下，撞击速度直接影响撞击力的大小，而撞击力的大小直接影响棉花采摘的机械效应，是棉花采摘性能好坏的主要影响因素。胶棒撞击速度实际上就是胶棒的工艺速度，因此，胶棒的工艺速度是决定棉花采摘效果的主要因素，合理的工艺速度是决定胶棒滚筒采棉机工作性能好坏的关键因素之一。

二、胶棒对籽棉的摩擦力

根据高速摄影拍摄影像的回放，可以明显观察到，在胶棒滚筒采摘过程中，部分开放的籽棉在受到胶棒的冲击力时并不会直接分离，在这种情况下，旋转的胶棒在梳刷打击开放棉铃时，由于开放的棉瓣受到铃壳包裹以及棉株等的支撑，柔性的弹性工作元件胶棒在冲击力的作用下发生较大弯曲变形，而后从棉瓣表面上滑过，即弯曲部分的胶棒施加棉花纤维层有正压力，见图3-9。此外，棉瓣拉伸成条后，覆盖在滚筒表面上时，也具有相同的效应。因此，棉瓣在滑过胶棒或滚筒表面时，是具有牵扯棉花纤维的能力的。以胶棒为例，胶棒在打击棉花时，动载荷使胶棒弯曲，胶棒弯曲的部分施加于棉瓣的力形成的摩擦力，牵扯棉花纤维。在整个过程中，当牵扯力 Q 大于将棉花纤维从棉铃（壳）中采出来所需的力 P_r（即采摘阻力）时，则棉瓣能被采摘下来，并在胶棒的作用下，抛入两侧的输送风道。

牵扯力主要是由棉花纤维和胶棒表面摩擦力构成。因此，Q 的值就取决于胶棒弯曲时的曲率、与棉纤维接触的位置、形状及分布，胶棒的断面形状和尺寸，以及棉花纤维包覆在弯曲的胶棒上的包角的大小。从棉铃中采下棉瓣所需的力 P_r 取决于棉纤维与铃壳间的连结力，以及棉纤维与其在采摘过程中棉株其他部分与其产生的摩擦力。所以籽棉能够采摘下来的条件为：$Q > P_r$。

为了便于研究，设弯曲的胶棒是以滚筒回转中心为曲率半径 R_w 的一段圆弧，如图3-10所示，在半径为 R_w 的胶棒断面上的棉花纤维条中取微量长度 dl，则该长度棉纤维条上的受力情况如式（3-35）、式（3-36）所示：

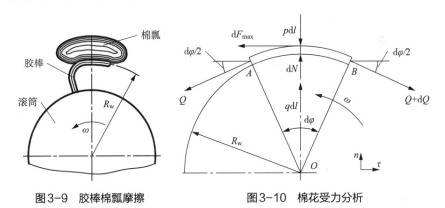

图3-9　胶棒棉瓣摩擦　　　　　　图3-10　棉花受力分析

$$\sum n = 0: dN + qdl - pdl - (Q + dQ)\sin\frac{d\varphi}{2} - Q\sin\frac{d\varphi}{2} = 0 \qquad （3-35）$$

$$\sum \tau = 0: -Q\cos\frac{d\varphi}{2} + (Q + dQ)\cos\frac{d\varphi}{2} - dF_{max} = 0 \qquad （3-36）$$

式中：Q——在采摘过程中的极限情况下棉纤维条在 A 断面处所受的张力，N；

　　　$Q + dQ$——在采摘过程中的极限情况下棉纤维条在 B 断面处所受的张力，N；

p——在采摘过程中的极限情况下胶棒施加于棉纤维条单位长度上的压力，N；

q——附着于胶棒上单位长度纤维条所受到的离心力，N；

dF_{max}——采摘过程中的极限情况下微量纤维条与胶棒间的摩擦力，N；

dN——微量棉纤维条上受到的正压力，N；

R_w——胶棒弯曲后回转中心的半径，m；

$d\varphi$——微量棉纤维条在胶棒上的包角，(°)。

由于 $\dfrac{d\varphi}{2}$ 很微小，故 $\sin\dfrac{d\varphi}{2}\approx\dfrac{d\varphi}{2}$，$\cos\dfrac{d\varphi}{2}\approx1$，$dQ\sin\dfrac{d\varphi}{2}\approx dQ\dfrac{d\varphi}{2}$。并 $R_w\,d\varphi$ 代替 dl。于是由式（3-35）、式（3-36）得式（3-37）、式（3-38）：

$$dN = Qd\varphi + R_w(p+q)d\varphi \qquad (3-37)$$

$$dQ = dF_{max} \qquad (3-38)$$

根据实验知道棉花纤维的极限摩擦力与正压力 N 成正比。即 $F_{max}=fN$。更精确地，摩擦力取决于正压力以及摩擦物体的特性[37]，表示如式（3-39）所示：

$$f = f_0N + \frac{\mu S_0}{N} = \frac{F_{max}}{N} \qquad (3-39)$$

由此得式（3-40）：

$$F_{max} = f_0N^2 + \mu S_0 \qquad (3-40)$$

式中：S_0——棉花纤维与胶棒接触的实际面积，mm²；

　　　f_0——摩擦因数；

　　　μ——摩擦常数，它反映接触表面的附着性能，与正压力无关，N/mm²。

由于，$dS_0 = d_rR_wd\varphi$，则有式（3-41）：

$$dF_{max} = f_0 2N + \mu d_r R_w d\varphi \qquad (3-41)$$

式中：d_r——为胶棒直径，mm。

将式（3-37）及式（3-38）带人（式3-41）消去 dF_{max} 及 dN 得式（3-42）：

$$\frac{dQ}{d\varphi} - Qf_0 - R_w\big[(p-q)f_0 + \mu d_r\big] = 0$$
$$dF_{max} = dQ = f_0 2NdN + \mu d_r R_w$$
$$dQ = 2f_0N\cdot\left[Qd\varphi + dQ\frac{d\varphi}{2} + (p+q)R_wd\varphi\right] + \mu d_r R_w dQ \qquad (3-42)$$

解式（3-42）得式（3-43）：

$$Q = e^{\int f_0 \mathrm{d}\varphi} \left\{ \left[\int R_\mathrm{w}(p-q)f_0 + \mu d_\mathrm{r} \right] e^{\int -f_0 \mathrm{d}\varphi} \mathrm{d}\varphi + C \right\}$$

$$= e^{f_0 \varphi} \left\{ C - \frac{R_\mathrm{w}\left[(p-q)f_0 + \mu d_\mathrm{r}\right]}{f_0 e^{f_0 \varphi}} \right\} \tag{3-43}$$

C值可以从初值条件求出，初值条件为：

$$\varphi = 0, \quad Q = 0$$

微分常数C值如式（3-44）所示：

$$C = \frac{R_\mathrm{w}\left[(p-q)f_0 + \mu d_\mathrm{r}\right]}{f_0}$$

$$= R_\mathrm{w}(p-q) + \frac{\mu d_\mathrm{r}}{f_0} \tag{3-44}$$

于是胶棒对棉花纤维的牵扯力Q如式（3-45）所示：

$$Q = R_\mathrm{w}\left[(p-q) + \frac{\mu d_\mathrm{r}}{f_0}\right]\left(e^{f_0 \varphi} - 1\right) \tag{3-45}$$

或如式（3-46）所示：

$$Q = \left(P - m\omega^2 R_\mathrm{w} + \frac{\mu d_\mathrm{r} R_\mathrm{w}}{f_0}\right)\left(e^{f_0 \varphi} - 1\right) \tag{3-46}$$

式中：P——接触面内棉花纤维受到的胶棒施加的力，N；

　　　m——棉瓣的质量，kg；

　　　ω——接触位置胶棒的角速度，r/s。

由高速摄像的观察到的结果可知，胶棒在采摘棉花的过程中，在棉瓣被采摘下来之前，棉瓣并不会跟着胶棒以角速度ω一起转动。因此在棉瓣被采摘下来之前，胶棒对棉花纤维的牵扯力Q应如式（3-47）所示：

$$Q = \left(P + \frac{\mu d_\mathrm{r} R_\mathrm{w}}{f_0}\right)\left(e^{f_0 \varphi} - 1\right) \tag{3-47}$$

包角φ的大小与胶棒的弯曲、棉铃壳的形状、接触位置等因素有关，由于橡胶是非线性材料，产生的是大弯曲变形，为计算方便，假设在极限情况下，胶棒与棉花纤维完全接触，如图3-10所示。式（3-47）中，包角φ可由式（3-48）近似计算：

$$\varphi = \frac{R - R_{\text{w}}}{R_{\text{w}}} \tag{3-48}$$

式中：P——胶棒弯曲部分的离心力与动载弯曲变形力之和，即$P=P_{\text{max}}+F_n$，N；

    F_n——胶棒弯曲部分的离心力，N。

F_n由式（3-49）得到：

$$F_n = m_{\text{w}} a_n = m_{\text{w}} R_{\text{w}} \omega^2 = m_{\text{w}} R_{\text{w}} (\frac{\pi n}{30})^2 \tag{3-49}$$

式中：m_{w}——弯曲部分胶棒质量，kg。

由式（3-49）可以看出，F_n取决于弯曲胶棒压在棉瓣上的质量和滚筒的转速。

为了比较胶棒采摘下来棉瓣的工作条件，可以计算胶棒产生多大的压力才能使摩擦力等于把棉花从棉铃中摘出所需要的力。采摘下来一个棉瓣需要0.75N，根据前述研究，取摩擦因数f_0=0.592及$\mu=2\times10^{-5}$N/mm²[11]，胶棒滚筒半径R=120mm，d_{r}=10mm，棉瓣长度40mm，胶棒采摘棉花时完全与棉瓣在长度方向接触，即R_{w}=80mm，则包角φ=0.50r，m_{w}=3.5×10⁻³kg。可得P=2.15N。由式（3-47）、式（3-49）、式（3-25）、式（3-33）计算可得，滚筒转速大于350r/min时，就能产生相当的压力。由此可见，胶棒必须具备足够的转速，在棉花采摘过程中，才能产生足够将成熟籽棉拉出棉铃的牵扯力。

三、胶棒对棉铃的打击次数

根据胶棒滚筒棉花采摘头的工作原理，棉株受到旋转的柔性橡胶棒的打击和梳刷，从理论上讲，棉花的采摘性能与胶棒对成熟棉铃的打击次数或是胶棒与开放棉花的接触次数有一定的联系，即开放的籽棉必须受到足够次数的打击或接触，才能被采摘干净。当然，由于采摘头在工作中，橡胶棒对棉株上作业对象的打击是无选择性的，根据棉花的物理特性，完全采摘干净棉花而不带杂质是不可能的，打击的次数和力度（与采摘工艺速度、橡胶棒力学特性、胶棒间距、棉铃进入的初始位置等有关）对棉花收获质量有重要的影响。因此，建立成熟棉铃打击次数的数学模型是非常必要的。

假设成熟的棉铃在柔性橡胶棒打击过程中不发生移动且为刚体，在打击过程中，棉铃受到胶棒滚筒表面上胶棒最多的打击次数的初始位置如图3-11所示。

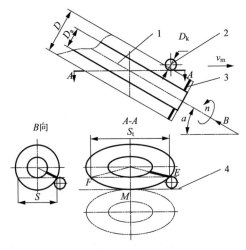

图3-11 棉铃打击次数的计算

1—滚筒 2—成熟棉铃 3—胶棒 4—棉行中心线

分析直径为D_k的成熟棉铃在E点开始受到胶棒的打击，到F点脱离时走过的距离为S_t。为进一步分析的方便，首先考虑滚筒竖直放置时走过的距离S，见图3-11中B向视图。由式（3-50）可得：

$$S = \sqrt{D^2 - D_a{}^2} \qquad (3-50)$$

根据图3-11中A截面中的投影关系，则S_t可由式（3-51）所得：

$$S_t = \frac{\sqrt{D^2 - D_a{}^2}}{\sin\alpha} \qquad (3-51)$$

由此，经过这段距离所用的时间t可由式（3-52）得：

$$\begin{aligned} t &= \frac{S_t}{v_m} \\ &= \frac{\sqrt{D^2 - D_a{}^2}}{v_m \sin\alpha} \end{aligned} \qquad (3-52)$$

在棉铃进入胶棒滚筒后，由于棉铃的直径大于相邻两根胶棒的间距，棉铃在被任意一根胶棒打中后，由于果枝的牵引作用，棉铃偏移后会受到另一侧相邻胶棒的打击，实际上，由于胶棒是柔性的，且棉铃受到果枝牵引作用，胶棒在接触棉铃后发生变形，因此，一次打击可以看作是由相邻两根胶棒夹着棉铃梳刷打击完成的。其原理如图3-12所示。

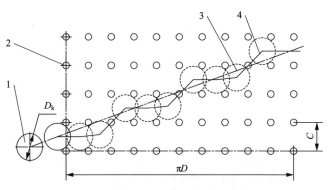

图3-12 棉铃运动示意

1—成熟棉铃 2—胶棒 3—棉铃理论运动轨迹 4—棉铃实际运动轨迹

将滚筒沿圆周方向展开，棉铃相对于滚筒运动的轨迹如图3-12所示，图中棉铃理论运动轨迹的斜率为 $k = v_m \cos\alpha/(v_p + v_m \sin\alpha)$。当胶棒滚筒旋转一圈，棉铃被打击的次数就是胶棒沿滚筒圆周的排数，棉铃通过胶棒滚筒受到的总的打击次数 Z 如式（3-53）所示：

$$Z = \frac{n}{60} tb = \frac{nb\sqrt{D^2 - D_a^2}}{60 v_m \sin\alpha} \tag{3-53}$$

由于 $v_p = n\pi D/60$，带入式（3-53）可得打击次数与速比系数 K 值的关系如式（3-54）所示：

$$Z = \frac{v_p b\sqrt{1 - (\frac{D_a}{D})^2}}{\pi v_m \sin\alpha} = \frac{Kb\sqrt{1 - (\frac{D_a}{D})^2}}{\pi \sin\alpha} \tag{3-54}$$

令 $\psi = D_a/D$，ψ 为内外径比。则由式（3-54）也可表达为式（3-55）：

$$Z = \frac{Kb\sqrt{1 - \psi^2}}{\pi \sin\alpha} \tag{3-55}$$

由图（3-11）和式（3-55）可以看出，棉铃受到的打击次数与 D、D_a、α、n、v_m、b 等有关，还与棉铃进入滚筒的初始位置有关。

（1）在 D、D_a、α 等确定的条件下，打击次数的多少取决于滚筒转速 n、采棉机行走速度 v_m 和胶棒在滚筒圆周排数 b。其中，滚筒转速、胶棒在滚筒圆周排数与打击次数成正比，机器作业速度与打击次数成反比，即滚筒转速越高，胶棒在滚筒圆周排数越多，则打击次数越多，机器作业速度越慢打击次数越多；滚筒转速越慢，胶棒在滚筒圆周排数越少，则打击次数越少，机器作业速度越快打击次数越少。

（2）由于棉花采净率与打击次数是相关的，理论上，打击次数越多，采净率越高。胶棒在滚筒圆周排数 b 取值越大，则打击次数就越多。因此，从结构上讲，在保证滚筒结构强度及良好加工性特性的条件下，b 取值越大越好。因此，在确定了胶棒滚筒直径 D 和滚筒直径 D_a 的取值后，b 应该取结构上容许的最大值，即 b 取 10 排。

第五节　胶棒滚筒式采摘头主要技术参数

一、胶棒滚筒工艺速度的确定

根据上述理论研究，在满足胶棒只采摘开放籽棉而不破坏未开放棉铃的条件下，采棉机作业时，胶棒的打击力应大于开放籽棉与铃壳的连结力而小于棉铃与果枝的连结力。设开放籽棉与铃壳的最大连结力为 P_{smax}，棉铃与果枝的最小连结力为 P_{bmin}，由式（3-25）、式（3-33）、式（3-34）可知，胶棒工艺速度取值范围为：

$$\sqrt{g\Delta_{smst}(1+\eta\gamma)\left[(P_{smax}-1)^2-1\right]}\leqslant v\leqslant\sqrt{g\Delta_{bmst}\left[(P_{bmin}-1)^2-1\right]} \qquad （3-56）$$

式中：P_{smax}——开放籽棉与铃壳的最大连结力，N；

P_{bmin}——棉铃与果枝的最小连结力，N；

Δ_{smst}——开放棉瓢作用于胶棒所产生的静挠度，m；

Δ_{bmst}——未开棉铃作用于胶棒所产生的静挠度，m。

根据棉花的力学特性，可以初步确定工艺速度取值在 5 ~ 7.5 m/s。

二、胶棒滚筒转速的确定

胶棒滚筒棉花采摘头设计中，确定胶棒材料、结构参数、工艺速度等参数后，可以确定滚筒的工作转速。将 $v_m=R\omega/K$ 代入式（3-12）得式（3-57）：

$$v = \frac{R\omega}{K}\sqrt{1 + K + K^2} \tag{3-57}$$

因此，胶棒滚筒转速可由式（3-58）确定：

$$n = \frac{30vK}{\pi R\sqrt{1 + K + K^2}} \tag{3-58}$$

由上可知，胶棒滚筒转速的选取与 K 值、胶棒的工艺速度、胶棒滚筒直径的大小有关。在保证采棉机作业性能和生产率的情况下，采棉机作业速度取 2.4～3.6km/h，K 值取 5～10 时，则胶棒滚筒转速为 350～550r/min。

三、胶棒滚筒主要技术参数

胶棒滚筒式采摘头主要技术参数，如表3-2所示。主要结构尺寸见图3-13。

表3-2　胶棒滚筒棉花采摘头主要技术参数

主要技术参数	指标
外形尺寸（长 × 宽 × 高）/（mm×mm×mm）	2200 × 720 × 1260
滚筒倾角 /（°）	30
滚筒长度 / mm	1 130
滚筒直径 / mm	110
胶棒滚筒直径 / mm	120
滚筒中心距 / mm	240
采棉区间距 / mm	130
胶棒间距 / mm	35 ～ 50
圆周排列数量 / 排	10
滚筒转速 /（r · min⁻¹）	350 ～ 550

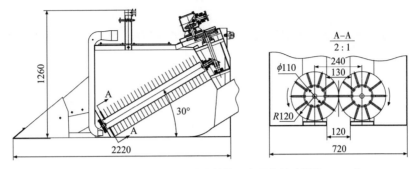

图3-13 胶棒滚筒棉花采摘头结构及主要参数（单位：mm）

第六节 本章小结

本章介绍了胶棒滚筒采棉机采摘头的基本结构及工作原理，并对其工作原理进行分析。根据机采棉种植模式和物理特性，结合胶棒滚筒工作原理，确定了胶棒滚筒关键部件的结构参数。建立关键工作部件运动学模型，通过对胶棒端点工艺速度、采摘速比系数、采摘工作角的分析，阐述了胶棒运动参数对采摘质量的影响机理，并为动力学分析奠定了基础。应用冲击、碰撞理论解释胶棒采摘棉花的动力学问题，建立了胶棒打击籽棉及棉铃的冲击动载荷公式。运用摩擦理论分析并建立了胶棒与棉纤维之间摩擦力计算公式。建立了胶棒打击棉铃次数的数学模型，并对胶棒打击棉铃次数的影响因素进行了分析。根据上述研究，确定了胶棒滚筒棉花采摘头主要技术参数。

参考文献

［1］中国科学院农业机械化研究所，情报资料室. 棉花收获机械译文集［M］. 北京：机

械工业出版社，1960.

［2］中国农业机械化科学研究院．农业机械设计手册（下册）［M］．北京：中国农业科学
技术出版社，2007.

［3］陈发，阎洪山，王学农，等．棉花现代生产机械化技术与装备［M］．乌鲁木齐：新
疆科学技术出版社，2008.

［4］吴杰，黄勇，王艳云，等．棉秆轴向压缩特性的实验研究［J］．农机化研究，2004
（4）：148–152.

［5］王艳云，苏萍．棉秆压缩力学特性的研究［J］．农机化研究，2006（6）：171–172.

［6］杜现军，李玉道，颜世涛，等．棉秆力学性能实验［J］．农业机械学报，2011，42
（4）：87–91.

［7］李玉道，杜现军，宋占华，等．棉花秸秆剪切力学性能实验［J］．农业工程学报，
2011，27（2）：124–128.

［8］新疆生产建设兵团农业局．采棉机作业技术规程（试行草案）［J］．新疆农机化，
2002（5）：20–21.

［9］中华人民共和国农业部．采棉机作业质量．NY/T 1133—2006［SO］．［2006–7–10］.
http://www.doc88.com/p-3582178863010.shtml.

［10］中华人民共和国国家质量监督检验检疫总局．棉花收获机：GB/T 21397—2008［S］//
中国标准化管理委员会．北京：中国标准出版社，2008.

［11］镇江农业机械学院，吉林工业大学．农业机械理论及设计（下册）：经济作物收获机
械及畜牧机械［M］．北京：中国农业出版社，1961.

［12］张增学．梳刷式甘蔗剥叶机剥叶机理的实验研究［D］．广州：华南农业大学，2002.

［13］蒙艳玫，李尚平，刘正士，等．非直线排列排刷式剥叶元件的工作机理［J］．农业
机械学报，2003，34（5）：50–53.

［14］王光炬，乔艳辉，吕勇，等．甘蔗剥叶机理研究［J］．山东农业大学学报（自然科
学版），2007，38（3）：461–464.

［15］牟向伟，区颖刚，吴昊，等．甘蔗叶鞘在弹性剥叶元件作用下破坏的高速摄影分析
［J］．农业机械学报，2012，43（2）：85–89.

［16］牟向伟，区颖刚，刘庆庭，等．弹性齿滚筒式甘蔗剥叶装置［J］．农业机械学报，
2012，43（4）：60–65.

［17］师清翔，刘师多，姬江涛，等．水稻的控速喂入柔性脱粒实验研究［J］．农业机械

学报，1996，27（1）：41–45.

［18］师清翔，刘师多，姬江涛，等. 控速喂入柔性脱粒机理研究［J］. 农业工程学报，1996，12（2）：173–176.

［19］谢方平，罗锡文，卢向阳，等. 基于能量守恒的柔性脱粒动力学分析［J］. 湖南农业大学学报，2009，35（2）：181–184.

［20］谢方平，罗锡文，卢向阳，等. 柔性杆齿滚筒脱粒机理［J］. 农业工程学报，2009，25（8）：110–114.

［21］谢方平，罗锡文，卢向阳，等. 柔性滚筒结构参数对水稻脱粒效果的影响实验［J］. 农机化研究，2009，（9）：147–151.

［22］哈尔滨工业大学理论力学教研室. 理论力学Ⅱ［M］. 北京：高等教育出版社，2004.

［23］刘鸿文. 材料力学［M］. 北京：高等教育出版社，2004.

［24］Mittal R K，Khalili M R. Analysis of impact of a moving body on an orthotropic elastic plate［J］. American Institute of Aeronautic and Astronautics Journal (AIAAJ)，1994（32）：580–586.

［25］邢誉峰. 梁结构线弹性碰撞的解析解［J］. 北京航空航天大学学报，1998，24（6）：633–637.

［26］张心占，吉桂梅. 梁冲击动荷系数的研究［J］. 工程力学，1999（S1）：583–587.

［27］彭荣济. 现代综合机械设计手册［M］. 北京：北京出版社，1999.

［28］孙训方，方孝淑，关来泰. 材料力学［M］. 北京：高等教育出版社，1994.

［29］苏翼林，王燕群，赵志岗. 材料力学［M］. 天津：天津大学出版社，2001.

［30］P.K.弗雷克利，A.R.佩恩. 橡胶在工程中应用的理论与实践［M］. 北京：化学工业出版社，1985.

［31］张少实，庄茁. 复合材料与粘弹性力学［M］. 北京：机械工业出版社，2005.

［32］周润玉. 考虑受冲击杆质量的动荷系数的讨论［J］. 力学与实践，1997，19（3）：59–60.

［33］方陆鹏，王忠保，富东慧，等. 简支梁受摆杆撞击时的动荷系数研究［J］. 工程力学，2003，20（6）：583–587.

［34］剧锦三，张云鹏，蒋秀根. 梁受到球碰撞时的弹性冲击荷载初探［J］. 中国农业大学学报，2007，12（3）：93–95.

［35］Elhag H E，Kunze O R，Wilkes L H. Influence of Moisture Dry–Matter Density and Rate of Loading on Ultimate Strength of Cotton Stalks［J］. Transactions of the ASABE，1971，

14（4）：713–716.

［36］何玲，徐诚. 两构件冲击接触过程的理论与数值模拟［J］. 南京理工大学学报，2012，36（2）：195–201.

［37］D. F. Moore. 摩擦学原理和应用［M］. 黄文治，译. 北京：机械工业出版社，1982.

第四章

采摘头数字化设计与关键部件仿真

传统产品设计中新产品的开发要经过设计、样机试制、实验、修改设计、重新试制等一系列的反复试制过程，许多不合理设计甚至是错误设计只能等到制造、装配过程中才能发现，有时直到样机实验后才能发现问题。产品的工作性能和质量只有在产品生产出来以后，通过反复实验才能判定。此时产品的部分问题已无法更改，因为，修改设计就意味产品设计部分或全部报废和重新试制。因此，需要进行反复试制才能达到相应的技术要求，导致产品开发周期长和费用高。

随着计算机技术及仿真技术的发展，产品设计中越来越多的使用数字化设计技术对产品开发进行数字化模型设计、数字样机仿真、CAE分析，提高产品质量和节约实验成本。产品数字化设计技术改变了传统的经验设计方法，提供了一个全新的产品研发模式。数字化技术以在计算机上构造数字化产品为目标驱动，可根据产品功能需求，修改模型参数。通过可视化技术和虚拟仿真、测试技术，可以直观、方便、迅速地分析、比较多种设计方案，确定影响产品性能的关键技术参数，模拟各种真实工况下数字化产品的性能，不满足要求即可进行修改，修改过程即数字产品模型再"制造"，并可再次快速模拟分析，如此循环直至得到满足设计要求的数字化产品模型。此外，不同于基于串行工程的传统物理样机技术，基于并行工程的产品数字化样机技术使产品的开发可以同时由不同设计人员分工设计，产品的不同部分，在确定产品的初步方案后，不同技术专长的设计人员可以同时进行结构设计、产品虚拟装配、机构运动学、动力学仿真、有限元分析等工作，并根据仿真分析结果研究和提出改进措施。此外，通过数字化样机可以完成部分物理样机无法进行的虚拟实验，从而在没有制造物理样机的情况下获得产品部分的结构优化设计方案。不仅缩短了开发周期，而且提高了设计效率、设计质量和一次开发的成功率[1-5]。

随着产品数字化设计技术快速发展，数字化设计技术首先在航空发动机、武器装备、机械系统等方面得到了广泛的应用[6-15]。近些年来，数字化设计技术在农业机械设计上的应用也得到了快速发展，在谷物收获机械、高速插秧机、精密排种器等农机具的设计与研究得到广泛应用[16-30]，目前已经成为农业机械设计与研究的一项基本手段。

本章研究内容主要包括：①根据胶棒滚筒棉花采摘头关键部件的结构参数，采用三维数字化设计软件SolidWorks对采摘头零部件进行数字化建模，根据零部件装配关系进行虚拟装配。通过静、动态干涉检查，及早发现和排除结构设计缺陷。②建立关键工作部件胶棒滚筒的参数化虚拟样机模型，对不同工作参数下，采摘部件胶棒的工艺速度、运动轨迹等运动特性分析，评估合理的工作参数范围。③建立工作部件与采摘对象（棉花）之间的虚拟测试系统，测试采摘头关键工作部件在不同结构参数、作业参数下，工作部件与采摘对象动态力学过程，评估和预测采摘效果，分析采摘系统的工作机理，并指导关键工作部件工作参数的选择。

第一节　采摘头数字化模型的建立

一、基于SolidWorks的数字化设计技术

数字化设计过程中，数字化建模是数字化设计的基础，也是产品数字化设计的关键技术之一，它为以后进行的设计分析、仿真等提供保证。在现代设计中，数字化建模是基于模型特征的建模、参数化造型和产品的虚拟装配。参数化造型与虚拟装配等数字化设计技术可以在设计过程中通过参数化尺寸驱动修改设计的

结果，进行装配的干涉检验，实现零部件的预装配等动态性能。通过分析胶棒滚筒棉花采摘头各零部件的特征参数，首先建立基于特征的各零部件参数化实体模型，然后根据胶棒滚筒棉花采摘头的结构，明确各零部件之间的装配关系，进行虚拟装配完成胶棒滚筒棉花采摘头的数字化模型。

SolidWorks是一个真正基于Windows平台的全参数化特征造型软件，具有强大的特征造型能力和装配控制能力，SolidWorks软件与Windows系统全兼容，支持Windows系统下的所有快捷命令，是Windows的OLE/2产品；SolidWorks软件菜单少，使用直观、简单、界面友好。SolidWorks集成环境下只提供60多个命令，其余所有命令与Windows命令是相同的。图形菜单设计简单并模块化，系统的所有参数设置全部集中在一个选项中，容易查找和设置，具有智能化动态引导功能。特征树清晰、明确，方便用户对实体特征造型、部件装配快速、修改便捷，实体的建模和装配完全符合自然的三维世界。对实体的放大、缩小和旋转等操作全部是透明命令，可以在任何命令过程中使用，实体的选取非常容易、方便；SolidWorks数据转换接口丰富，其支持的标准有：IGES、DXF、DWG、SAT（ACSI）、STEP、STL、ASC或二进制的VDAFS、VRML、Parasolid等，且与CATIA、Pro/Engineer、UG、MDT、Inventor等设有专用接口。SolidWorks可与I–DEAS、ANSYS等有限元分析软件无缝连接，并实现的数据快捷导入、导出。SolidWorks与Adams、Recurdyn等多体动力学分析软件使用相同的Parasolid核心，通过x_t文件可快速导入，提高数字化仿真模型的设计效率；SolidWorks特有的零部件的配置功能。SolidWorks可以为一个零部件建立多个不同的配置，如为零件建立一个常态模型配置和装配模型配置，其中，常态模型包含所有的细节特征，而装配模型压缩一些不需要的细节特征，这可以有效减少大型装配体对计算机的内存需求，提供设计效率，也可有效节约时间；SolidWorks提供了自顶而下的装配设计技术。它可使设计者在设计零件时，在装配系统里，基于零件之间的装配关系，确定零件的参考特征，在装配体内设计新的零件，也可以根据现有装配体存在的问题，修改已有零件。此外，SolidWorks基于模块化的开发思路，全球多家合作伙伴开发的CAD/CAE/CAM软件以插件的形式与SolidWorks无缝连接，辅助设计、分析、加工的模型和结果与SolidWorks共享一个数据库，设计、分析和数控加工的数据无需烦琐的双向转换[31]。

笔者使用SolidWorks软件对胶棒滚筒式采棉机采摘头的零部件进行了三维特

征造型和运动部件的机械运动约束装配及整机关联装配设计，提高了改型设计和系列化设计的效率，并为对其进行CAE/CAM奠定基础。

二、采摘头主要零件数字化建模

基于SolidWorks参数化驱动与特征建模技术的零部件设计开发，首先，要分析零件的功能、类型、结构特点等要素，确定设计意图。然后，分析零件各部分特征的类型，明确零件采用建模的方法，如基本实体建模、钣金建模、焊接建模、曲面建模等。最后，根据零件结构尺寸直接对胶棒滚筒棉花采摘头的零部件进行造型，建立其零部件的实体模型。

对于胶棒滚筒棉花采摘头的大部分零件如橡胶棒、滚筒、齿轮、轴类零件、分动箱体等零件利用SolidWorks提供的拉伸、旋转、扫描和放样等构建方式来完成；采摘头箱体、棉花扶导器、风管等壳体零件采用钣金设计；各部分型钢框架采用焊接结构设计；自由曲面组成的零件如扶导器覆盖件则采用曲线曲面造型技术来完成；对于螺纹连接件、键连接、轴承、垫片、密封件等标准件可以直接使用SolidWorks软件自带ToolBox插件中的GB零件库根据标准件的参数直接生成，减少重复设计，有效提高设计效率。

在建模过程中，首先明确零件的设计意图，确定特征的建模顺序，因为特征建模的数据对于模型后面的装配、仿真测试、加工等过程都会有很大的影响。其次，对于较复杂的零件或是铸造件，要简化特征的类型，可以适当添加不同表达形式下的零件配置，并且注意特征之间的关联问题，即建立合适的特征父子关系。在零件实体模型建立后，如果发现零件不符合设计要求，可以通过修改零件的特征参数来修改零件的设计，这可极大地提高了设计的效率[31]。作为当前农业机械设计中一项成熟的设计技术，这里不再给出零部件的具体建模过程，仅就零部件设计意图及建模方法进行研究。

齿轮传动是机械传动中最重要的传动之一，齿轮建模也是三维建模较困难的一类零件。SolidWorks中齿轮建模主要有如下几种方法：①使用SolidWorks软件ToolBox工具插件生成齿轮；②使用第三方插件，如法恩特、GearTrax等软件生成；③由CAXA电子图版首先生成二维齿轮廓线，然后在SolidWorks中拉伸生成齿轮；④在SolidWorks中应用扫描、放样命令首先生成渐开线，然后应用方程式参数化相关尺寸,形成通用参数化模型,便于同一类齿轮的建模。此次使用第四种方法生成齿轮,见图4-1。

(a)放样生成渐开线　　　　(b)尺寸参数化　　　　(c)立轴大齿轮

图4-1　齿轮参数化造型

回转体零件采用旋转凸台命令造型,如轴类零件、盘套类零件等,采摘头滚筒属于轴类零件,其上胶棒孔可采用阵列命令快速生成。采摘头轴类零件、滚筒建模见图4-2。

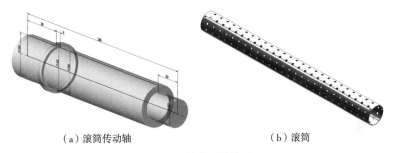

(a)滚筒传动轴　　　　(b)滚筒

图4-2　轴类零件造型

机架焊接件造型步骤如下:首先,创建3D草图,使用3D直线命令绘制焊接结构件3D轮廓线框图;然后,在结构构件中设置结构件截面尺寸,选择3D框线,设置焊接边角处理方式,生成焊接模型如图4-3(a)、图4-3(b)所示。最后,可以分割焊接件,生成下料图,分别保存每一个焊接件零件,如图4-3(c)所示。

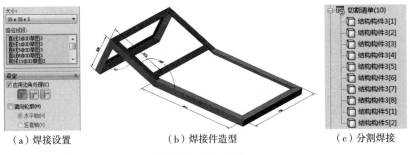

(a)焊接设置　　　　(b)焊接件造型　　　　(c)分割焊接

图4-3　焊接件造型

三、采摘头数字化模型虚拟装配

对胶棒滚筒采棉机的箱体、扶导器、前送风管、一对胶棒滚筒（由金属滚筒和弹性工作元件胶棒组成）、分动箱、分动大齿轮、立轴锥齿轮传动、前悬挂点、后悬挂点、输棉通道等部件进行了虚拟装配，在装配的过程中不仅可以查看和分析零部件的配合及静干涉情况，减少对物理样机的依赖，还可通过对运动部件的仿真进行动干涉检查。若在采摘头数字样机装配过程中检查到零部件之间存在干涉，可以修改零件尺寸或调整装配关系来予以消除，避免了在制造物理样机中由于结构尺寸不合理造成的损失。

1. 部件的虚拟装配

完成采摘头零件建模后，即可对采摘头各部件进行虚拟装配。SolidWorks 对一般结构件的虚拟装配提供了标准配合和高级配合方式，其中，标准配合有重合、平行、垂直、相切、同轴心、锁定、距离、角度等配合方式，高级配合有对称、宽度、路径配合、线性配合、距离配合范围、角度配合范围等配合方式。这些方式适合一些不运动或构件之间无相对运动的结构配合。图4-4为胶棒滚筒装配、图4-5为采摘头箱体装配。装配完成后可进行结构静干涉检查。

2. 传动系统的虚拟装配

对于传动部件，在使用标准配合的同时，SolidWorks 还提供了机械配合：凸轮、铰链、齿轮、齿条小齿轮、螺旋、万向节等配合方式。这些配合方式专门为传动部件提供，装配完成的传动部件模型可在 SolidWorks 运动模块 Cosmosmotion 模块中直接进行运动学、动力学仿真，也可将生成的模型导入 Adams 软件中做进

图4-4　胶棒滚筒装配

图4-5　采摘头箱体装配

一步分析。图4-6为采摘头传动系统总成。装配完成后可通过拖动运动构件或添加电动机进行传动系统动干涉检查。

3. 采摘头的虚拟装配

完成主要部件装配后，即可进行采摘头的虚拟装配，如图4-7所示。

图4-6　传动总成装配　　　　　　　图4-7　采摘头装配

第二节　工作部件的运动学仿真

运动学仿真是动力学仿真的基础，由第三章胶棒滚筒运动学理论分析建立了胶棒运动学方程，利用仿真软件可以动态仿真工作部件的运动过程及分析工作部件的运动学特性，有助于分析工作部件的作业机理。本节主要研究采棉机行走速度、滚筒转速对胶棒工艺速度及胶棒运动轨迹的影响。

胶棒滚筒的运动学仿真模型在Adams软件中完成，Adams软件是集建模、求解、可视化技术于一体的虚拟样机仿真分析软件，具有运算速度快、求解精度高、修改方便、通用性强等优点，是目前应用最为广泛的一种多体运动动力学仿真软件[32-34]。

在建模过程中，首先设定基本物理量的单位、坐标系、重力加速度方向、网格间距等建模的环境，确定模型坐标参考，胶棒滚筒模型初始位置同第三章（图3-5）坐标系。然后，根据相应模型参数，创建各个设计点，在Adams/View

中使用Bodies-Cylinder、Hole命令在XY平面建立滚筒和胶棒，如图4-8（a）所示。然后，把整个模型绕着Z轴旋转60°，如图4-8（b）所示。胶棒和滚筒添加固定副约束，同时在坐标原点建立一个无质量的参考小球，该球起到辅助作用，为滚筒添加转动副约束和移动副约束提供载体，在滚筒和球体之间添加转动副约束，小球沿X方向添加移动副约束，如图4-8（c）所示。

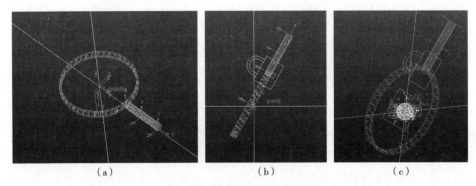

（a） （b） （c）

图4-8 胶棒滚筒仿真模型建立

为便于仿真模型运动参数的调整，将胶棒滚筒行走速度、转速参数化，其中，行走速度为$0.66 \sim 1.00$m/s，滚筒转速为$350 \sim 550$r/min，操作过程如图4-9所示。完成上述操作后，设定仿真参数，仿真时间0.5s，仿真步200。仿真完成后，进入Adams/Post Processor模块，生成胶棒端部工艺速度（胶棒端部的合速度）、运动轨迹曲线。输出保存为数据文件，在Excel里进行编辑，便于对比分析。

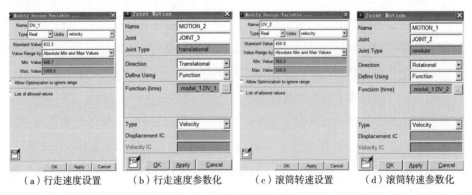

（a）行走速度设置 （b）行走速度参数化 （c）滚筒转速设置 （d）滚筒转速参数化

图4-9 仿真模型参数化

胶棒滚筒在滚筒转速分别为350r/min、450r/min、550r/min，行走速度为0.66m/s、0.83m/s、1.00m/s时，工艺速度的仿真结果如图4-10所示。由图4-10工艺速度图可知：

（1）工艺速度呈周期变化，其在采摘区内数值变化按余弦曲线规律变化。例如，在滚筒转速350r/min、行走速度0.66m/s时，工艺速度在4.05～4.76m/s的范围内变化。其中，在采摘区内速度先逐渐增大，在水平位置达到最大，然后逐渐减小进入抛离区。由第三章力学分析可知，工艺速度与打击力的大小成正比，因此，工艺速度周期变化表明胶棒的打击力也会呈现出周期性的改变。

（2）对比不同滚筒转速、行走速度的结果，滚筒转速350r/min时，三种行走速度下工艺速度最大值分别为：4.76m/s、4.86m/s、4.97m/s；滚筒转速450r/min时，三种行走速度下工艺速度最大值分别为：6.00m/s、6.11m/s、6.21m/s；滚筒转速550r/min时，三种行走速度下工艺速度最大值分别为：7.26m/s、7.35m/s、7.45m/s。结果表明，在滚筒转速、行走速度的取值范围内，行走速度对工艺速度的影响较小，当滚筒转速相同时，在三种行走速度下的工艺速度递增幅值约0.1m/s，滚筒转速对工艺速度影响较大，当行走速度相同时，三种滚筒转速工艺速度递增幅值约1.25m/s。说明行走速度对胶棒打击力影响很小，而滚筒转速对胶棒打击力影响较大。

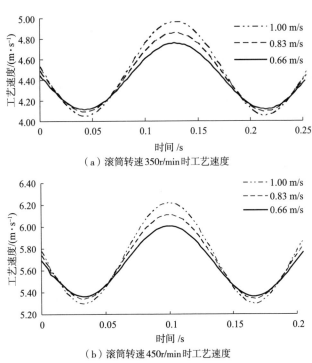

（a）滚筒转速350r/min时工艺速度

（b）滚筒转速450r/min时工艺速度

图4-10

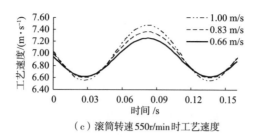

（c）滚筒转速550r/min时工艺速度

图4-10　不同滚筒转速、行走速度下的工艺速度

胶棒XY平面的运动轨迹曲线如图4-11所示，由图4-11可知：

（1）在XY投影平面，胶棒采摘区域的运动轨迹曲线近似为β角的斜线，滚筒转速一定，行走速度越大，β角越小，行走速度越小，β角越大；行走速度一定，滚筒转速越大，β角越大，滚筒转速越小，β角越小。结果与理论分析一致。

（2）以胶棒最大工艺速度位置处的点考察胶棒转动一周沿水平方向（X轴方向）的位移量（胶棒轨迹线的螺距）为指标，可得：当滚筒转速为350r/min时，在三种行走速度下，胶棒水平位移量分别为：113.1mm、142.3mm、171.4mm；当滚筒转速为450r/min时，在三种行走速度下胶棒水平位移量分别为88mm、110.7mm、133.3mm；当滚筒转速为550r/min时，在三种行走速度下，胶棒水平位移量分别为72mm、90.5mm、109.1mm。结果表明，行走速度与胶棒水平方向位移量的大小成正比，滚筒转速与胶棒水平方向位移量的大小成反比。此外，滚筒转速越低，行走速度对胶棒水平位移量影响越大，滚筒转速越高，行走速度对胶棒水平位移量影响越小。由理论分析结果可知，胶棒水平位移量一定程度反映胶棒对棉株的打击次数，位移量越小，打击次数越多，位移量越大，打击次数越少。由此可知，滚筒转速越高打击次数越多，行走速度越高，打击次数越少，即打击次数与滚筒转速成正比，与行走速度成反比。

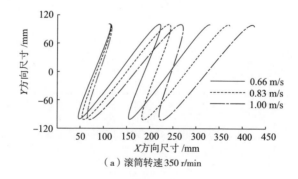

（a）滚筒转速350 r/min

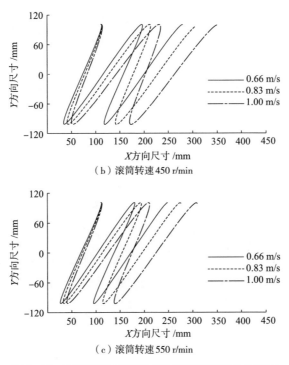

（b）滚筒转速450 r/min

（c）滚筒转速550 r/min

图4-11　不同滚筒转速下胶棒在XY平面运动轨迹对比

第三节　采摘系统的动力学仿真

通过前面的理论分析，胶棒要能够满足采摘棉花农业技术要求——只采摘棉花而较少破坏棉株上其他部分，其在工作过程中，必须控制适度的打击力，通过一定次数的反复击打才能达到上述目标。通过对这一过程进行动力学仿真模拟，可以评估和预测采摘效果，有助于对影响采摘效果的参数进行合理的评估和选择。

建立胶棒滚筒棉花采摘头关键工作部件"胶棒滚筒——棉铃"的采摘系统仿真模型，模拟采摘过程中工作部件胶棒与棉铃的作用效应。其重要的考核指标是打击次数和打击力。为达到这一目标，需要建立"胶棒滚筒——棉铃"仿真系统。Adams软件进行机械系统虚拟仿真，可以建立三种类型的仿真模型：多刚体系统、多柔体系统、刚柔混合系统。考虑到"胶棒滚筒——棉铃"系统在实际作业过程中，胶棒在打击棉铃时，胶棒、棉铃都发生了较大的变形，而且，要仿真模拟一个棉铃通过采摘区域完整过程，要求在胶棒与棉铃接触后，必须要产生相应的变形避让，以使仿真能够进行下去，因此，本系统不适合采用多刚体仿真模型；然而要完整模拟一个棉铃完全通过胶棒滚筒的采摘区域，在整个采摘区域内，会有多达几十个胶棒与棉铃产生接触碰撞，采用多柔体系统会产生极为庞大的数据计算量，此外，由于缺乏棉铃力学本构方程，实际上，很难建立一个准确的棉铃柔体模型，因此，这里没有采用多柔体系统。基于上述原因，在能够满足评估和预测采摘工作部件对棉铃打击效果这一目标的前提下，需要对"胶棒滚筒——棉铃"仿真系统经行适当简化。因此，本系统采用刚柔混合仿真系统，以胶棒为柔体，棉铃为刚体建立仿真模型。仿真中，胶棒在打击到棉铃后，胶棒产生相应的变形以使仿真继续进行下去，通过测试棉铃承受的接触力来仿真采摘过程中棉铃受到的打击力和打击次数。

Adams软件构建柔体有三种方法：离散化创建柔性体；利用第三方有限元软件创建柔性体；利用柔性体模块创建柔性体。根据本研究的仿真目的，为减少仿真运算量，笔者采用第一种方法。离散化创建柔性体，模型仿真效果直观，仿真计算量相对于有限元柔性体小，仿真速度较快，但结果的精度不高。本节主要研究胶棒打击棉铃的动态过程及胶棒滚筒工作参数对打击力和打击次数影响规律，用于评估和研判胶棒滚筒工作参数对棉花采摘效果的影响。因此，采用离散化创建柔性体模型能够满足仿真要求。由于模型进行了适当的简化，仿真中接触力的数值与理论计算值或实际值并不具有可比性，不作为真实值的评判标准。

一、Adams接触算法

本文采用非线性弹簧和阻尼来模拟柔性体碰撞产生的接触力，并计入摩擦影响。

碰撞模型如图4-12所示，其中系数 k 和 c 是相对位移的非线性函数，则法向碰撞力为式（4-1）：

图4-12 碰撞模型

$$J = f(x, \dot{x}) = F_s + F_d \tag{4-1}$$

式中：J——法向碰撞力，N；

　　F_s——等效弹簧力，N；

　　F_d——等效阻尼力，N；

　　x——运动副元素接触后的相对位移，mm；

　　$\dot{x}$——运动副元素接触后的相对速度，mm。

F_s是相对位移的函数，F_d是相对位移和相对速度的函数。

其中，F_s、F_d满足式（4-2）：

$$\begin{cases} F_s = kx^n \\ F_d = c(x)\dot{x} \end{cases} \qquad (4\text{-}2)$$

式中：k——等效接触刚度，N/mm；

　　n——刚度指数；

$c(x)$——与x有关的阻尼系数。

这样，法向碰撞力J满足了在碰撞开始和结束时为零的条件，而且反映了系统能量损耗的情况。根据Adams提供的数据，橡胶材料的刚度指数为1.4，阻尼系数0.57。等效接触刚度k采用Goldsmith和Lankarani、Nikravesh所提出的方法计算[35,38]。

接触系统中相对运动的构件在碰撞和运动中存在摩擦力，Adams系统中摩擦力用Coulomb摩擦力表示。摩擦因数有最大静摩擦因数和动摩擦因数，在系统无相对运动时摩擦力为最大静摩擦力，系统产生相对运动并达到一定速度后为动摩擦力，一般最大静摩擦力大于动摩擦力。摩擦力的计算见式（4-3）：

$$F_f = f(\dot{x})J \qquad (4\text{-}3)$$

式中：$f(\dot{x})$——摩擦因数，是系统相对运动切向速度的函数。

系统碰撞力J和摩擦力F_f构成了相互接触运动构件的总作用力。

在柔性体碰撞模型建立之后，使用拉氏乘子引入约束，利用拉格朗日方程即可建立起系统方程，这是一组代数—微分方程组，具体推导参见文献[32,39]。

二、仿真系统模型的创建

"胶棒滚筒——棉铃"仿真系统，需满足一个完整的棉铃被胶棒滚筒打击的过程，按前述方法设置相关系统环境，创建一个滚筒和沿滚筒圆周方向按36°排列的10个胶棒的设计点，创建模型，沿 Z 轴旋转60°。在 Adams 里创建新的材料，设置胶棒材料属性：杨氏弹性模量 $\mathbf{E}$=3.02 MPa，泊松比 μ=0.499，密度 ρ=1.14×10^{-6} kg/mm^3。将每个胶棒离散化为三段，并添加离散化胶棒和滚筒单体固定副约束，具体操作步骤如图4-13所示。

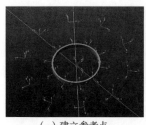

（a）建立参考点　　　　　（b）胶棒模型离散化　　　　　（c）添加约束

图4-13　离散化胶棒滚筒仿真模型

完成一段胶棒滚筒建模后，再沿滚筒单体质心 Marker 点坐标 X 轴方向按相应的胶棒轴向间距复制移动16段，如图4-14（a）所示。在完成的胶棒滚筒中心建一个直径为20 mm的圆柱体参考体，同时在圆柱加上和地面的旋转副约束，圆柱和每段胶棒滚筒添加固定副约束，如图4-14（b）所示。建立直径为65 mm的球体作为棉铃，放置在摘辊前方并添加固定副（初始位置见图3-11）。添加离散化后的胶棒与棉铃的接触副，接触参数设置为：刚度3.31 N/mm，刚度指数系数1.4，阻尼系数0.57，渗透深度0.1，静摩擦因数0.61，动摩擦因数0.59，静态移动速度（门槛速度）0.1mm/s，动态移动速度（门槛速度）10 mm/s，如图4-14（c）所示。模型参数化设置及仿真结果处理同上。

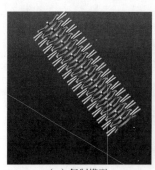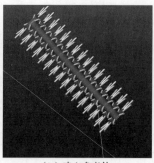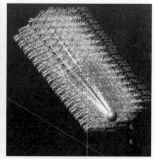

（a）复制模型　　　　　　（b）建立参考体　　　　　　（c）设置模型参数

图4-14　胶棒滚筒仿真模型的离散化

仿真分为三组，分别测试滚筒转速、行走速度、胶棒轴向间距对打击力和打击次数的影响，三组初始条件分别是：①胶棒轴向间距42.5mm，采棉机行走速度0.83m/s，滚筒转速分别为350 r/min、450 r/min、550 r/min；②胶棒轴向间距42.5mm，滚筒转速分别为450 r/min，采棉机行走速度为0.66 m/s、0.83 m/s、1m/s；③滚筒转速为450 r/min，采棉机行走速度为0.83m/s，胶棒轴向间距35mm、42.5mm、50mm。

三、结果与分析

滚筒转速、行走速度、胶棒轴向间距对打击力和打击次数的影响仿真结果如图4-15～图4-17所示。由图示结果可见，胶棒打击棉铃打击力（接触力）呈周期波动，其中，局部呈现一个由小到大，然后再由大到小的脉冲式周期波动。整体上也呈现为由小到大，然后由大到小的波动。分析原因，局部上的波动是由于胶棒打击位置的变化而产生的，整体上的波动是由于工艺速度的变化产生的，运动学仿真结果可证实这一点。下面就每种情况具体分析及讨论。

1. 滚筒转速对打击力和打击次数的影响

滚筒转速为350r/min时，打击次数29次，最大打击力3.93N；滚筒转速为450r/min时，打击次数36次，最大打击力4.8N；滚筒转速为550r/min时，打击次数44次，最大打击力5.51N。由结果可知，滚筒转速对打击力和打击次数都有较大影响，滚筒转速对采摘效果有最直接的影响。理论上，滚筒转速越高，采棉机作业时棉花采净率会越高，当然，采摘下来的籽棉中杂质也会越多。

2. 行走速度对打击力和打击次数的影响

行走速度为0.66m/s时，打击次数44次，最大打击力5.21N；行走速度为0.83m/s时，打击次数36次，最大打击力4.8N；行走速度为1m/s时，打击次数30次，最大打击力4.81N。由结果可知，行走速度对打击次数有较大影响，呈负相关。对打击力的影响较小，这一点由行走速度对工艺速度的影响较小可以得到确认。理论上在其他条件相同的情况下，行走速度越慢，打击次数越多，胶棒接触开放籽棉的概率越高，采摘下来的棉花越多；行走速度越快，打击次数越少，胶棒接触开放籽棉的概率越低，采摘下来的棉花会越少。在取值范围内，行走速度的大小对打击力的影响不大，因此，采摘时对除籽棉之外的棉花其他部分的破坏相对影响较小。

3. 胶棒轴向间距对打击力和打击次数的影响

胶棒轴向间距35mm时，打击次数36次，最大打击力5.15N；胶棒轴向间距42.5mm时，打击次数36次，最大打击力4.8N；胶棒轴向间距50mm时，打击次数36次，最大打击力4.49N。由结果可知，胶棒间距对打击次数没有影响，对打击力有一定影响。这一结果是在打击假设的直径65mm棉铃模型时的结果。这并不表明，胶棒间距对打击次数及打击力影响不大。通过观察不同间距下打击力图形的波动幅值可见，在不同间距下，各次打击的接触力的峰值的大小不同。间距越小，接触力峰值的平均值越高；间距越大，接触力峰值的平均值越低，其原因是胶棒轴向间距越小，相邻两根胶棒打击棉铃时合力就越大。另外，胶棒间距越小，棉株单位区域内胶棒覆盖的次数越多，开放的籽棉被打中的概率就会越大，击中次数就会越多，实际上，胶棒间距对棉花采摘性能有较大的影响，具体应通过实验验证。

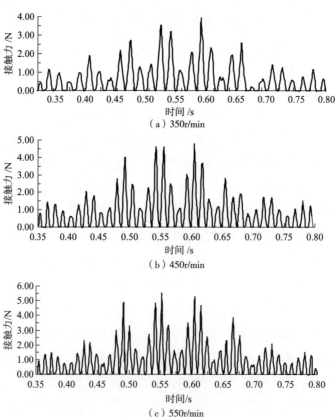

图4-15　滚筒转速对打击效果的影响

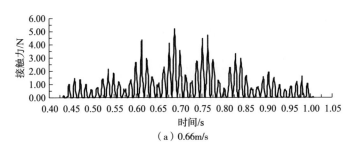

（a）0.66m/s

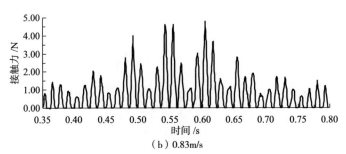

（b）0.83m/s

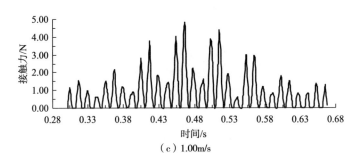

（c）1.00m/s

图4-16 行走速度对打击效果的影响

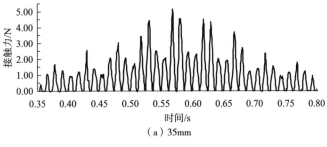

（a）35mm

图4-17

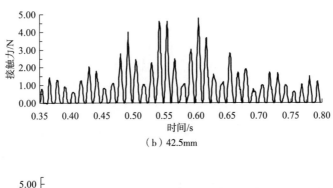

（b）42.5mm

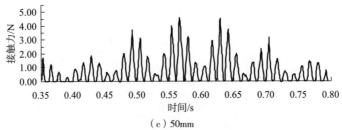

（c）50mm

图4-17　胶棒轴向间距对打击效果的影响

第四节　胶棒作用机理的三维数字化仿真分析

一、ANSYS/LS-DYNA理论简介

ANSYS/LS-DYNA是LSTC公司和ANSYS公司合作推出的显式动力学分析软件，它弥补了LS-DYNA这个具有强大计算功能程序前后处理相对较差的不足，将显式有限元程序LS-DYNA强大的显式动力分析方法和ANSYS程序强大的前后处理功能结合起来。使熟悉ANSYS操作的用户可以充分利用ANSYS的仿真分析环境来实现LS-DYNA显式分析的建模以及计算结果的后处理[36]。

用LS-DYNA的显式算法能够有效求解瞬时大变形动力学、大变形和多重非线性准静态问题以及复杂的接触碰撞问题。LS-DYNA以Lagrange算法为主，兼有ALE和Euler算法；以显式求解为主，兼有隐式求解功能；以非线性动力分析为主，兼有静力分析功能，凡是涉及接触—碰撞、爆炸、穿甲与侵彻、应力波传播、金属加工、流固耦合等问题，LS-DYNA3D可以进行求解。目前，该软件在全球拥有1000多家用户，遍布世界各国的研究机构、大学和工业部门，在航空航天、汽车、国防、石油、核工业、电子、船舶、建筑、体育器材等中均获得了广泛的应用[37]。

二、建立胶棒作用机理仿真模型

充分考虑橡胶棒纹路、摘辊的长短及橡胶棒的数量对橡胶棒打击棉铃效应的影响，橡胶棒的纹路对橡胶棒打击棉秆的受力影响不大，而橡胶棒的数量并不会影响单个橡胶棒打击时的受力情况，在SolidWorks中对采摘辊和棉铃的模型进行了简化，将简化后的模型存为igs格式文件，并通过中性igs格式文件，将摘辊和棉铃的三维实体模型导入ANSYS/LS-DYNA中。导入ANSYS/LS-DYNA后，采摘辊和棉铃的实体模型如图4-18所示。在进行单元类型、材料模型的设置后，生成有限元模型，如图4-19所示。

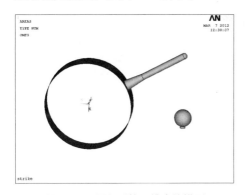

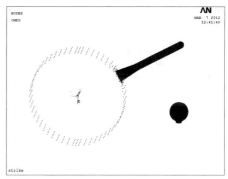

图4-18　导入后的三维实体模型　　　图4-19　有限元模型

有限元分析结果的准确性在很大程度上依赖于材料模型的选择和材料参数的确定。在隐式预处理分析过程中，橡胶棒和棉铃的单元类型采用Solid185，滚筒的单元类型采用Shell181，滚筒厚度为3mm。由于隐式求解只是对显式分析进行预加载，因此只需定义弹性材料，且材料参数相同（密度：4.429e-9，弹性模量：10500，泊松比：0.23），且模型初始状态在正常情况下，因此应力没有超过屈服应力。

在显式分析中，对模型的单元类型进行力的单元类型转换，单元类型Solid185

和单元类型Shell181对应力的单元类型分别是单元类型Solid164和单元类型Shell163。

橡胶棒的材料采用Mooney_Rivlin模型，主要参数包括材料的密度、泊松比、C_{10}和C_{01}，由青岛橡胶工业研究所提供的橡胶材料检验报告可得，橡胶的密度$\rho=1.14\text{g/cm}^3$，橡胶的硬度(邵氏)为50度。参考资料橡胶模型Mooney_Rivlin力学性能[57-58]及C_{10}和C_{01}的关系可得：$C_{10}=0.444$，$C_{01}=0.022$；由橡胶材料的不可压缩性可得泊松比$Nuxy=0.5$。

棉铃选用材料为Plastic Kinematic模型，其主要参数可参考资料[59-61]进行设定，其具体参数设置见表4-1。

表4-1　棉铃力学性能参数

主要技术参数	棉铃密度 ρ / $(\text{t} \cdot \text{mm}^{-3})$	棉铃弹性模量 EX /MPa	泊松比 $Nuxy$	失效应力（$Failure$ $Strain$）/MPa
参数值	0.3e-6	2600	0.23	5.5

静态或准静态分析对话框如图4-20所示。

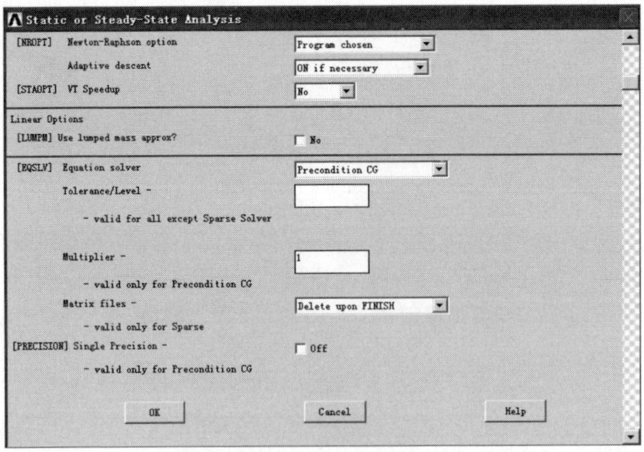

图4-20　分析选项设置

在隐式分析阶段，当完成前处理的相关设置后，需先选中所有的单元和节点，然后通过Main Menu→Solution→Analysis Type→Analysis Options命令打开静态或准静态分析对话框，在该对话框的EASLV下拉列表中选择Precondition CG选项，单击OK按钮，如图4-20所示。

在求解之前，先保存数据库文件，然后执行 Main Menu→Solution→Solve→Current LS 命令执行隐式求解。

在显式分析阶段，需要设置求解时间，定义输出文件频率及输出文件类型，设置的相关参数见表4-2。

表4-2 显式分析相关参数设置

参数	求解时间 /s	输出文件间隔 /s	输出文件类型	ASCII Output
数值	0.2	1e-3	ANSYS and LS-DYNA	Write ALL files

在完成上述操作后，便执行 Main Menu→Solution→Solve 命令进行显式求解。

三、结果与分析

在求解未完成之后，选用 LS-PREPOST 进行后处理，LS-PREPOST 的界面如图4-21所示。

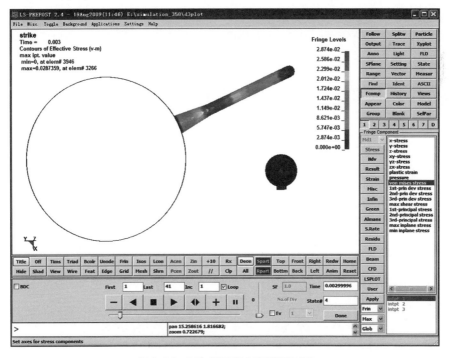

图4-21 LS-PREPOST的界面图

利用ANSYS/LS-DYNA对橡胶摘棒打击棉铃的分析，当摘辊的转速为350r/min时，棉铃所受到的应力云图如图4-22所示，棉铃受到橡胶棒打击力的变化曲线如图4-23所示。

利用ANSYS/LS-DYNA软件，分别对摘辊转速为250r/min、300r/min、350r/min、400r/min、450r/min时，橡胶棒打击棉铃的过程进行仿真。经过仿真计算，摘辊转速分别为250r/min、300r/min、350r/min、400r/min、450r/min时，棉铃在y方向的受力变化曲线分别如图4-24～图4-28所示。由图中可以得出摘辊在不同

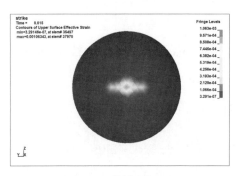

图4-22　棉铃应力云图

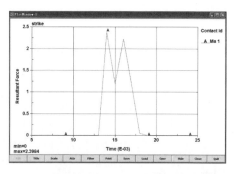

图4-23　摘辊转速350r/min时棉铃受力变化曲线

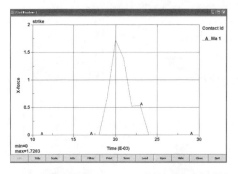

图4-24　摘辊转速250r/min时棉铃受力变化曲线

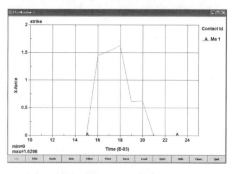

图4-25　摘辊转速300r/min时棉铃受力变化曲线

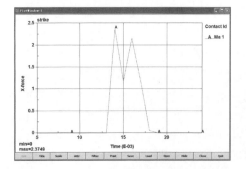

图4-26　摘辊转速350r/min时棉铃受力变化曲线

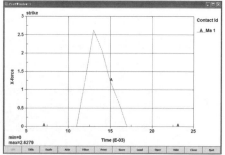

图4-27　摘辊转速400r/min时棉铃受力变化曲线

转速下，棉铃受到橡胶棒打击力的最大值，图4-29为摘辊分别为250r/min、300r/min、350r/min、400r/min、450r/min转速下，分别通过HF-5推拉力计采集到的橡胶棒打击力大小与经过上述仿真结果得到的橡胶棒打击力大小变化曲线图。

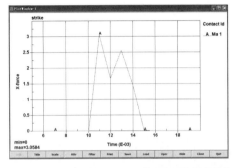

图4-28　摘辊转速450r/min时棉铃受力变化曲线

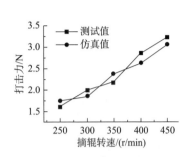

图4-29　测试结果与仿真结果的比较

　　由图4-29可知，通过对HF-5推拉力计测试结果与ANSYS/LS-DYNA软件计算仿真结果的对比，其受力的变化结果有着相同的变化趋势，虽然ANSYS/LS-DYNA软件的计算结果与通过HF-5推拉力计测试结果有一定的偏差，但其数值的变化范围小于10%，因此，通过ANSYS/LS-DYNA软件的计算结果能够满足理论分析的要求。

第五节　本章小结

　　（1）通过对胶棒滚筒棉花采摘头主要零部件的分析，确定了不同类型零部件的建模方法，应用三维数字化软件SolidWorks完成胶棒滚筒棉花采摘头零部件的特征建模和采摘头的虚拟装配，并进行静、动干涉检查，为采摘头的虚拟测试和加工制造奠定基础。

　　（2）建立胶棒滚筒数字化虚拟样机模型，对胶棒端点的工艺速度、运动轨迹进行动态仿真，确定滚筒转速、采棉机行走速度对其的影响规律，对分析采摘头工作机理具有指导意义。

（3）建立"胶棒滚筒—棉铃"虚拟打击测试系统，模拟采摘头在不同滚筒转速、采棉机行走速度及胶棒轴向间距下，对胶棒打击棉铃的打击力和打击次数的影响，并根据仿真结果对其采摘效果进行评估和预测。

参考文献

［1］杨平，廖宁波，丁建宁，等. 数字化设计制造技术概论［M］. 北京：国防工业出版社，2005.

［2］苏春. 数字化设计与制造［M］. 北京：机械工业出版社，2005.

［3］谢友柏. 产品的性能特征与现代设计［J］. 中国机械工程，2000，12（2）：26-32.

［4］戴国洪，张友良. 实现数字化设计与制造的关键技术［J］. 机床与液压，2004（3）：94-96.

［5］熊光楞，李伯虎，柴旭东. 虚拟样机技术［J］. 系统仿真学报，2001，13（1）：114-117.

［6］张越今. 多体系统动力学在轿车动力学仿真及优化研究中的应用［D］. 北京：清华大学，1997.

［7］李伯虎，柴旭东. 复杂产品虚拟样机工程［J］. 计算机集成制造系统，2002，8（9）：678-683.

［8］Pratt M J. Virtual prototypes and product models in mechanical engineering［C］. In Virtual Prototyping-Virtual Environments and the Product Design Proeess. London，UK：1995.

［9］杜中华，王兴贵，狄长春，等. 基于虚拟样机技术的某型炮闩系统挡弹机构的磨损研究［J］. 系统仿真学报，2002，14（9）：1168-1170.

［10］李诚，张明廉，颜坤. 虚拟样机技术在拟人智能控制中的应用［J］. 系统仿真学报，2004，16（12）：2754-2756.

［11］刘江省，姚英学，赵焕菊. 数字化装配技术［J］. 兵工自动化，2004，23（5）：33-36.

［12］刘检华，姚君，宁汝新. 基于虚拟装配的碰撞检测算法研究与实现［J］. 系统仿真

学报, 2004, 16（8）: 1775-1778.

[13] Gouda S, Jay ram S, Jay ram U. Architectures for Internet-based collaborative virtual prototyping [C]. ASME Design Technical Conference and Computers Engineering Conference. Las Vegas, USA: 1999.

[14] Song P, Clovis V, Mahoney R. Design and virtual prototyping of human-worn manipulation devices [C]. ASME Design Technical Conference and Computers in Engineering Conference. Las Vegas, USA: 1999.

[15] Jayram S, Lyons K. Virtual assembly using virtual reality techniques [J]. Computer Aided Design, 1997, 8（29）: 575-584.

[16] 王志华, 陈翠英. 基于ADAMS的联合收割机振动筛虚拟设计 [J]. 农业机械学报, 2003, 34（4）: 53-56.

[17] 赵建平, 尹文庆, 黄爱勇. 联合收割机清粮筛的运动仿真与优化 [J]. 计算机仿真, 2007, 24（11）: 185-188.

[18] 李勇, 曾志新. 虚拟样机技术在小型农用装载机设计中的应用 [J]. 农业工程学报, 2004, 20（5）: 134-137.

[19] 杨方飞, 阎楚良, 陈志. 机械产品数字化设计及关键技术研究与应用 [D]. 北京: 中国农业机械化科学研究院, 2005.

[20] 阎楚良, 杨方飞, 张书明. 数字化设计技术及其在农业机械设计中的应用 [J]. 农业机械学报, 2004（35）6: 211-214.

[21] 李杰, 阎楚良, 杨方飞. 基于虚拟样机技术的联合收割机切割机构的仿真研究 [J]. 农业机械学报, 2006, 37（10）: 74-76.

[22] 李杰, 阎楚良, 杨方飞. 联合收割机数字化建模与关键部件的仿真 [J]. 农业机械学报, 2006, 37（9）: 53-85.

[23] 赵匀, 赵雄, 张玮炜, 等. 水稻插秧机现代设计理论与方法 [J]. 农业机械学报, 2011, 42（3）: 71-74.

[24] 尹建军, 赵匀, 张际先. 高速插秧机差速分插机构的工作原理及其CAD/CAM [J]. 农业工程学报, 2003, 19（3）: 90-94.

[25] 俞高红, 钱孟波, 赵匀, 等. 偏心齿轮—非圆齿轮行星系分插机构运动机理分析 [J]. 农业机械学报, 2009, 40（3）: 81-84.

[26] 季顺中, 李双, 陈树人, 等. 基于ADAMS的高速插秧机三插臂分插机构运动仿真

[J]. 农业机械学报，2010，41（S1）：82–85.

[27] 杨欣，刘俊峰，冯晓静. 小麦精密排种器的参数化特征造型及装配关联设计 [J]. 农业工程学报，2004，20（3）：287–292.

[28] 袁锐，马旭，马成林，等. 精密播种机单体的虚拟制造和运动仿真 [J]. 吉林大学学报（工学版），2006，36（4）：524–528.

[29] 孙裕晶. 虚拟样机技术及其在精密播种部件设计中的应用 [D]. 长春：吉林大学生物与农业工程学院，2005.

[30] 阎楚良，张书明，杨方飞. 农业机械数字化设计应用技术 [M]. 北京：中国农业科学技术出版社，2004.

[31] 徐彤，郎峰. SOLIDWORKS高级教程简编 [M]. 北京：机械工业出版社，2010.

[32] 陈立平，张云清，任卫群，等. 机械系统动力学分析及Adams应用教程 [M]. 北京：清华大学出版社，2005.

[33] 郑建荣. ADAMS—虚拟样机技术入门与提高 [M]. 北京：机械工业出版社，2001.

[34] 李军，邢俊文，覃文洁. ADAMS实例教程 [M]. 北京：北京理工大学出版社，2002.

[35] 何玲，徐诚. 两构件冲击接触过程的理论与数值模拟 [J]. 南京理工大学学报，2012，36（2）：195–201.

[36] 尚晓江，苏建宇编. ANSYS/LS–DYNA动力分析方法与工程实例 [M]. 北京：中国水利水电出版社，2005.

[37] 郝好山，胡仁喜，康士廷编. ANSYS12.0/LS–DYNA非线性有线元分析从入门到精通 [M]. 北京：机械工业出版社，2010.

[38] Ahn Kil–young. A modeling of impact dynamics and its application to impact force prediction [J]. Journal of Mechanical Science and Technology，2005，19（1）：422–428.

[39] Kakizaki T，Deck J F，Dubowsky S. Modeling the spatial dynamics of robotic manipulators with flexible links and joint clearances [J]. Trans. ASME Journal of Mechanical Design，1993，115（4）：839–847.

第五章

胶棒滚筒采摘过程高速摄像判读分析

根据第三章的分析以及前期研究[1-2]，可以将胶棒滚筒棉花采摘头采摘棉花的过程分为三个阶段：棉株压缩弯曲阶段、采摘分离阶段、抛离输送阶段。棉株压缩弯曲阶段是指棉株在进入采摘头后，受到扶导器的挤压、摩擦进入胶棒滚筒前这一阶段；抛离输送阶段是指采摘下来的棉花或其他物质，在胶棒打击力、离心力等力的作用下抛向两侧，落入两侧风道，然后被输送到采摘头后部的阶段。笔者将研究重点放在采摘分离阶段，即采摘头关键工作部件胶棒滚筒在采摘区对棉株上各部分的采摘阶段。在这一阶段，柔性胶棒对棉株上的籽棉、棉叶、棉铃、铃壳及果枝等对象有打击、梳脱、摩擦、牵拉及胶棒的黏附等作用，籽棉、棉叶、部分铃壳甚至整个棉铃、果枝等部分会从棉株上分离，成为被采摘下来的对象。因此，这一阶段决定了采摘头的采摘性能，研究棉株不同部分的分离机理，对指导采摘头关键工作部件的作业参数的选择有重要意义。

由于胶棒滚筒采摘棉花的过程属于高速运动，应用传统实验方法很难记录或观察棉株上开放的棉铃中的棉花或棉株上其他物质在胶棒的作用下分离或破坏情况。为了探明胶棒滚筒棉花采摘头工作部件对棉花的采摘及采摘过程中杂质形成的机理。此处采用高速摄像的方法对胶棒滚筒棉花采摘头工作部件的工作过程进行拍摄，通过回放采摘过程观察分析采摘头工作部件作用于棉株的工作机理；对工作部件作用于开放棉铃、铃壳、果枝、茎秆等作业对象的作用过程及其分离和破坏过程进行分析，揭示工作部件收获成熟籽棉的采摘机理以及作业过程中杂质形成机理，评估对采摘性能造成影响的因素，指导合理选择胶棒滚筒工作参数，并为后续实验研究奠定基础。

高速摄像技术在农业机械与装备的研究中已得到广泛应用[3-17]。其应用研究主要体现：①利用高速摄像技术准确观察和分析农业机械主要工作部件的运动规律，对理论分析的结果进行分析和验证；②采用高速摄像技术揭示农业机械主要工作部件的工作机理；③采用高速摄像技术对作业对象的运动轨迹进行目标的识别和跟踪，确定或调整工作参数[18]。

第一节　实验平台的搭建

一、小型胶棒滚筒实验台的设计

1. 采摘实验台机械部分设计

小型胶棒滚筒采摘实验台主要由固定机架、活动机架、一对胶棒滚筒、电动机、传动机构、棉株输送导轨、转速扭矩传感器、链式联轴器和其他一些辅助装置组成，能够完成棉花的采摘实验，实验台棉株输送速度和滚筒转速均可自由调节。实验台结构采用三维数字化设计方法设计，设计过程采用自顶向下的设计方法，根据第三章确定的胶棒滚筒的关键结构尺寸，确定传动方式及结构；然后根据实验目的及棉株物理特性设计机架结构，完成后进行结构静、动干涉检查，检查无误后生成二维图和下料图，制作样机。胶棒滚筒实验台如图5-1所示。

2. 采摘实验台测控系统的设计

小型胶棒滚筒采摘实验台的测试、控制系统由变频器、RS232/485转换器、RS485测频模块、转速扭矩传感器、测控软件和计算机等组成，测试和控制系统框图如图5-2所示。测控软件是基于LabVIEW软件开发的交互式测控程序，采用RS232串口总线技术，串行总线采用平衡发送和差分接收的方式传输信号，具有传输距离远、抗干扰能力强等特点。控制电机的指令代码按照通信协议编写成命令，由计算机发出，经RS232/485转换器发送给变频器控制电机转速。转速

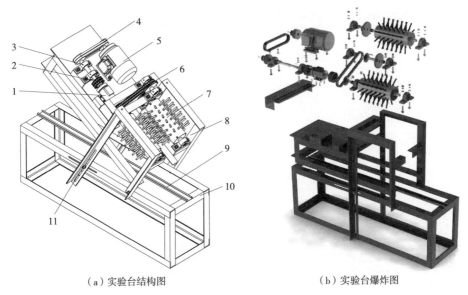

（a）实验台结构图　　　　　　　　（b）实验台爆炸图

图5-1　胶棒滚筒实验台

1—扭矩传感器　2—链式联轴器　3—轴承座　4—传动带　5—电机　6—滚筒传动机构
7—胶棒滚筒　8—活动机架　9—输送导轨　10—固定机架　11—锁紧螺母

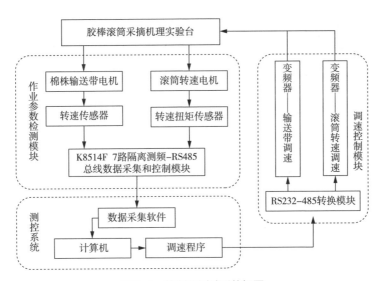

图5-2　控制及测试系统框图

扭矩信号由RS485测频模块获取，并反馈给计算机。实验时设定好滚筒转速及棉株输送速度，调整高速摄像机，即可进行测试。实验台测控程序的开发在第六章给出。

实验所选用的测试及控制硬件技术参数见表5-1。

表5-1 测试及控制硬件技术参数

名称	型号	指标
电机	Y90S-6	功率：0.75kW；转速：910 r/min
变频器	DZB300P005.5L4A	矢量 SVPWM 控制；485/232 通信接口； 自动、手动频率 1.0 ~ 50.0 Hz 可调
扭矩传感器	RK060	量程：0 ~ ±5 N·m；精度：3 级
RS485 采集控制模块	K8514F	7 路数字量输入 /7 路数字量输出； 工作模式：频率测量； 计数器字长：16 位 (2BYTE)
RS232-485 转换模块	HEXIN- Ⅲ	传输速率：1200 ~ 9600bps

二、高速摄像采集系统的搭建及拍摄条件

胶棒滚筒采摘装置高速摄像系统主要由高速摄像机、照明灯、计算机和小型胶棒滚筒采摘实验台组成，如图5-3所示。

1. 高速摄像机

高速摄像机采用加拿大产CPL-MS70K单色CCD摄像机，系统容量为8.3GB，在分辨率为504×504下最大帧频可达5200fps，支持1000M以太网传输协议。采摘实验拍摄分辨率为504×504，帧频800fps，应用1000M以太网卡与计算机进行高速通信。

2. 照明灯

高速摄像机曝光时间非常短，须采用特殊光源照明。光源对高速摄像机成像起重要作用，在普通灯光和自然光下采集的图像全黑，无法进行图像的识别和处理。为了能够采集到清晰图像，拍摄时使用300W的卤素灯提供照明。为了减少阴影的形成，本文在拍摄部位两侧布置了卤素灯和其他一些辅助光源。

3. 计算机

计算机主要完成实验台采摘棉花过程图像的实时采集、保存，并要对采集的图像进行处理，由于采集及处理的信息量极大，因此，要求计算机有较高稳定性、高速通信能力和较高的性能。本文采用DELL T3400图形工作站作为高速摄

像的计算机单元，配置为：2.93GHz四核酷睿CPU，1000M以太网卡，4GB内存，300GB SCSI硬盘，PCI-E 512MB专业显示卡，具有较高的数据处理能力，能够满足图像采集和处理的要求。

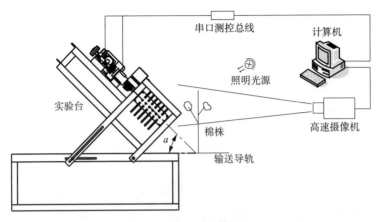

图5-3 采摘高速摄像系统

实验中调整实验台固定支架与地面支撑牢靠，活动支架与固定支架成30°，并锁紧，棉株通过固定夹具安装在输送带上，通过输送导轨喂入实验台。为了清晰地采集胶棒滚筒采摘实验台工作部件采摘过程的图像，高速摄像机置于胶棒滚筒采摘实验台输送导轨轴向方向延长线上，通过预备实验，确定高速摄像光轴距实验台距离为1600mm，以保证高速摄像的有效视场。高速摄像机采用电子快门拍摄，拍摄参数设置为：帧频800fps（时间分辨率0.00125s），曝光时间1000μs，图像分辨率为504×504，确保高速摄像有足够的拍摄清晰度，并满足高速摄像分析所需的合适画幅数及画面尺寸。

第二节 实验材料与方法

一、实验材料

棉花实验样品采用新疆生产建设兵团石河子垦区石总场六分场七连10号

地种植的新陆早26。采样地块种植模式：66cm+10cm机采棉带状种植方式，666.7m²保苗16000株左右。试样采样要求按我国农业行业标准NY/T 1133—2006规定进行，要求茎秆通直，第1果枝结铃部位距地面18cm以上，棉株高度在65~85cm，子叶节以上5cm处棉秆直径8~12mm，平均挂铃5.75个。样品采集时间2011年10月3日，棉花脱叶剂使用15天后，脱叶率达85%以上，吐絮率90%以上。随机抽取各采样点五个样本的籽棉、铃壳、果枝、棉茎，测试含水率并计算平均值，分别为7.32%、13.69%、35.41%，58.14%。试样包含不同的果枝形态。试样均处理成高度50cm左右的试件，按照果枝形态保留1~3颗开放棉铃，如图5-4所示。为保证试样的一致性，每天实验后未使用的试样使用黑色塑料袋包裹密封保存。实验在采样后48h内完成。

（a）零式果枝　　　　　　（b）有限果枝　　　　　　　（c）无限果枝

图5-4　果枝样品

二、实验方法

通过利用高速摄像技术观察和分析胶棒滚筒工作部件与棉株上作业对象（籽棉、棉铃、果枝、茎秆）之间相互作用的规律和破坏机理，并对理论分析的结果进行分析和验证，从而揭示采摘头关键部件的工作机理和收获的籽棉中杂质形成的机理。实验结合棉株物理特性，研究不同类型果枝形态不同工作参数下对籽棉采摘及杂质形成机理的影响。实验台的工作参数为：输送速度0.66~1.00m/s，胶棒滚筒转速300~650r/min，取值间距50r/min。为保证清楚的摄像效果，棉株喂入方式采用单行喂入。实验在新疆生产建设兵团农业机械重点实验室收获机械实验室内进行。

三、结果与分析

通过对高速摄像视频进行分析，可将棉花各部分在采摘头关键部件胶棒滚筒作用下的分离形式归纳为籽棉从铃壳中分离、铃壳与果蒂分离、棉铃与果枝分离、果枝与棉茎分离四种类型。籽棉从铃壳中分离是指成熟开放的棉铃内的籽棉在弹性工作元件胶棒的持续打击、摩擦、梳脱作用下从与之连接的铃壳中分离。铃壳与果蒂分离是指完全开裂的棉铃上的铃壳在工作部件的反复打击作用下，铃壳与果蒂的连接处（即铃壳根部）产生断裂并分离。棉铃与果枝分离是指完整的带或者不带棉瓣的棉铃在工作部件的打击、牵拉作用下，在棉铃果柄与果枝连结的果节处断裂并分离。果枝与棉茎分离是指带有棉铃的枝秆受到胶棒打击、牵拉、摩擦作用，在果枝与茎秆连结的节间处断裂或果枝受到反复拉、弯应力的作用折断而分离。

1. 籽棉与铃壳分离

通过对高速摄像的视频进行分析可以发现，受到工作部件的作用，籽棉从棉铃中分离主要有两种形式：

（1）一部分小团籽棉受到胶棒打击后，当击打力破坏籽棉纤维的连结力时，小团籽棉与棉铃分离，如图5-5（a）~（e）所示；大团籽棉在反复受到胶棒击打、相邻胶棒夹持、摩擦及对侧滚筒上胶棒的共同作用，棉团里籽棉嵌入圆周方向几根胶棒里，在胶棒往复弹拨作用下，棉团被拉长，并与胶棒互相缠绕。当棉团拉伸到一定程度，籽棉与铃壳连结被破坏，籽棉与铃壳分离。在此过程中，胶棒变形产生的摆动及果枝的摆动都加速了籽棉与铃壳的分离。分离的棉团在胶棒的击打下，沿胶棒滚筒切向方向做抛体运动飞向两侧[2]，过程见图5-5（e）~（i）。在这种形式下，籽棉的分离主要受到胶棒滚筒击打、梳脱作用，打击力是籽棉分离的主要因素。

（2）由于棉瓣为蓬松的纤维组织，籽棉在从棉铃中分离或脱离之前，受到开裂的铃壳的包裹，胶棒打击通常并不能直接作用于棉瓣的质心，胶棒对棉瓣突出铃壳部分作用力有时并不能有效破坏棉瓣与铃壳的结合力。这时，随滚筒旋转的弹性胶棒作用于棉铃并楔入露出铃壳的棉瓣内，作用于棉瓣上的胶棒发生较大的弯曲变形，变形后的部分压向棉瓣并产生相对滑动，彼此作用产生滑动摩擦力，在胶棒变形力和摩擦力的作用下，棉瓣被拉长成条，成条的籽棉同时卷绕在滚筒上，其过程如图5-6（a）~（f）所示。此时，棉条受到胶棒夹持、摩擦以及滚筒表面对棉条的摩擦等多方面作用。当这些力的合力大于籽棉与铃壳连结力时，籽棉分离。分离的籽棉在离心力的作用下被抛离工作部件，过程见图5-6（g）~（l）。在这种方式下，籽棉主要受到胶棒滚筒摩擦、夹持、牵拉作用，其中摩擦力是籽棉分离的主要因素。

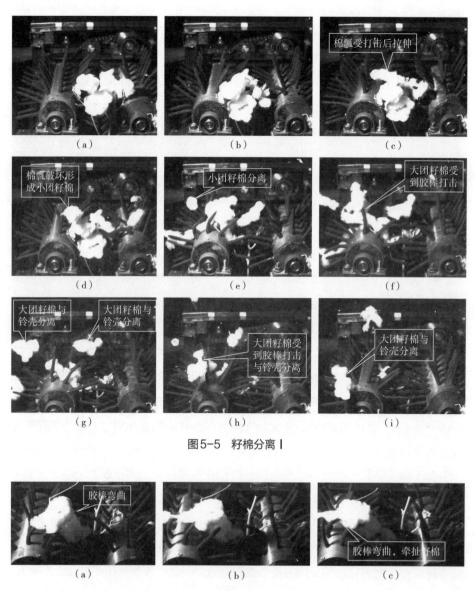

图5-5　籽棉分离 I

图5-6

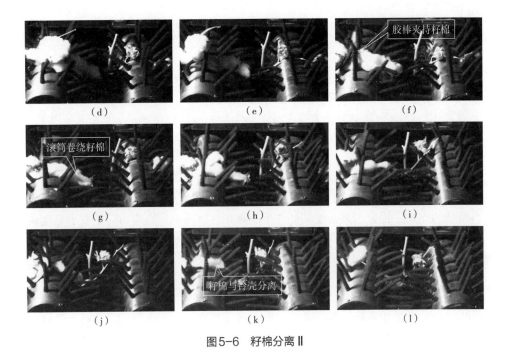

图5-6　籽棉分离 Ⅱ

在上述分离中，由于棉叶与籽棉是附着在一起的，棉叶会和籽棉一起被采摘下来形成杂质，棉叶在籽棉中的含量取决于脱叶程度及棉叶的特性，棉叶背面绒毛较多的品种在脱落后增加了与籽棉附着的可能[19]。

2. 铃壳与果蒂分离

在胶棒的作用下，铃壳与果蒂的分离主要有以下两种形式：

（1）对于开裂程度较低的棉铃，棉铃中的籽棉受到铃壳的包裹和保护，胶棒反复击打力大多作用在棉铃铃壳上，当胶棒的冲击力破坏了部分铃壳与果蒂的连结时，铃壳与果蒂分离，分离的铃壳在惯性力作用下，沿作用方向飞离，进入输棉通道，过程如图5-7（a）、（b）所示。一部分分离的铃壳会与籽棉黏结在一起，此时，籽棉失去铃壳的保护，在胶棒的打击作用下，籽棉与附着的铃壳沿作用方向与棉株分离，过程见图5-7（d）~（f）。

（2）籽棉从棉铃中分离后，仅剩铃壳的棉铃，受到胶棒反复击打，当胶棒的冲击力破坏铃壳与果蒂的连结强度后，铃壳与果蒂分离，铃壳在惯性力作用下，沿作用方向飞离，过程如图5-8所示。

由成熟棉铃的结构可知，胶棒打击棉铃并非都直接作用于棉瓣，多数情况下是直接打击在棉铃壳上。成熟的棉铃完全开放时，开铃棉铃的铃壳直径通常大于相邻两根胶棒的轴向间距，铃壳与果蒂的连结形式根据工程力学理论可以看作是悬臂梁结构，胶棒作用于铃壳的力学模型可简化为两个悬臂梁相互碰撞并受到冲击载荷作用。通过对高速摄像的回放，胶棒作用于铃壳，双方均产生了变形，由于存在作用空间位置的不确定性，每次冲击两者的作用位置、变形程度均不同，可以认为铃壳在受到胶棒冲击力的位置和大小都是随机的。通常受到胶棒冲击铃壳并不会立刻与果蒂分离，但随着胶棒的持续作用，部分铃壳与果蒂连接被破坏并与之分离，这可以用材料的疲劳破坏特性理论来解释，铃壳受到单向不稳定冲击载荷的作用，铃壳与果蒂连结处产生非规律性的不稳定变应力，该应力是随机变化的，其变应力参数的变化受到很多因素的影响，如铃壳的截面尺寸、含水率、冲击载荷的位置、大小等因素，此外，胶棒轴向间距越小，滚筒转速越高都会增加打击强度及打击次数。虽然，胶棒的冲击力小于铃壳与果蒂的连结力，但是经过一定强度和次数的反复击打，铃壳与果蒂连结处产生裂纹，最终一些铃壳在与果蒂连结处发生低周疲劳破坏并分离，受到胶棒击打，被抛入输送通道，混入籽棉，形成杂质。

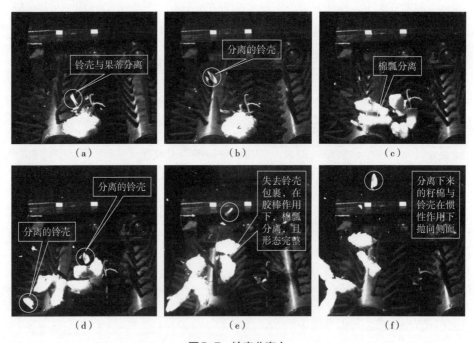

图5-7　铃壳分离 I

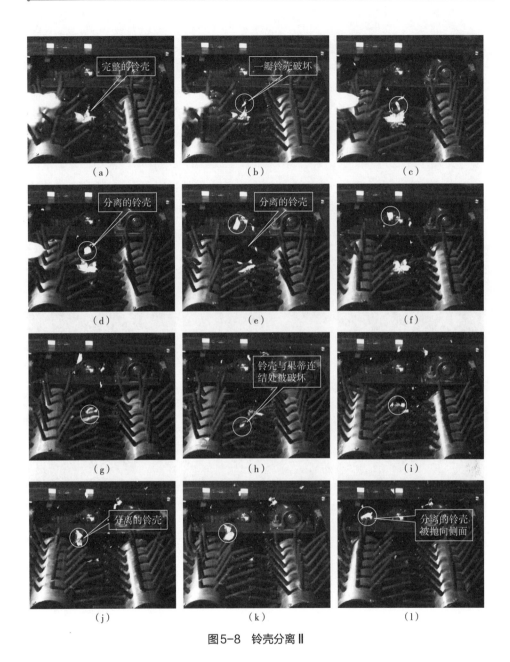

图5-8　铃壳分离 Ⅱ

3. 棉铃与果枝分离

实验中，棉铃与果枝分离条件为滚筒转速大于550r/min，果枝类型为有限果枝或无限果枝。从拍摄的视频可见，完整棉铃进入胶棒滚筒中间位置，由理论分析结果可知，在此位置胶棒工艺速度最大，因此理论棉铃受到的击打力最大。此时，受到相邻多根胶棒打击，棉铃与果枝在两者连结的节间处被破坏，过程见图5-9（a）~（c）。分离下来的棉铃在胶棒打击力及惯性力作用下做抛体运动飞离滚筒，过程见图5-9（d）~（f）。

由棉花力学特性可知，棉铃与果枝连结强度高于铃壳与果蒂的连结强度，更远大于胶棒打击力。棉铃与果枝分离的主要原因为：随着滚筒转速提高，胶棒打击力变大；由图5-9可见棉铃受到两根或以上胶棒的同时作用；果枝较长，果柄处易弯曲变形，经反复击打产生疲劳破坏。基于上述原因，棉铃与果枝在连结的第一节间处破坏，并进入输送通道，最终形成杂质。由于棉铃的体积、质量较大，会给输送系统带来不利影响，易导致输送通道的阻塞，所以，采摘作业中，应避免此种分离形式的产生。

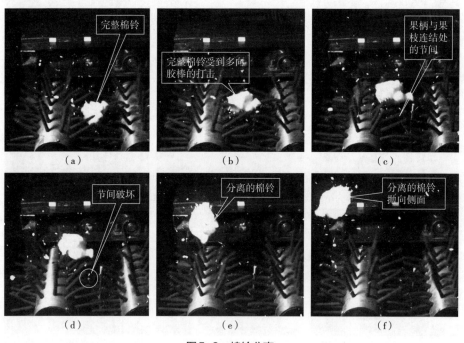

图5-9　棉铃分离

4. 果枝与棉茎分离

实验中，果枝与棉茎分离条件为：滚筒转速大于600r/min，果枝类型为有限果枝或无限果枝，果枝节间长度大于10cm，为Ⅲ、Ⅳ型果枝[20]。由拍摄的视频可见，较长果枝上的棉铃（无籽棉）在受到胶棒的拉拔、摩擦和果枝拉力的共同作用时，果枝弯曲并卷绕在滚筒上，果枝上的棉铃受到相邻两根胶棒的反复击

打，同时，果枝也受到其他胶棒的牵拉和滚筒的摩擦，最终果枝在与棉茎连接的
节间处被破坏，在惯性力作用下，被抛入采摘滚筒的侧面。由于果枝含水率相对
较高，果枝弯折后，较少发生断裂，果枝破坏是以其与棉茎连接的节间处被撕裂
而分离，过程如图5-10所示。

　　随着滚筒转速的提高，胶棒对棉铃的作用力（打击力、摩擦力）也逐渐增
大，较长的果枝在胶棒作用力下，容易弯曲并被拉入滚筒，从而卷绕于滚筒表
面，此时除了胶棒的打击力，果枝上的棉铃还受到胶棒的拉拔力及滚筒表面对果
枝的摩擦力等作用，这些作用最终导致果枝在与棉茎连接的节间处被破坏。前期
实验表明，较长的果枝进入输送通道，会对整个采棉机输送系统带来严重的影

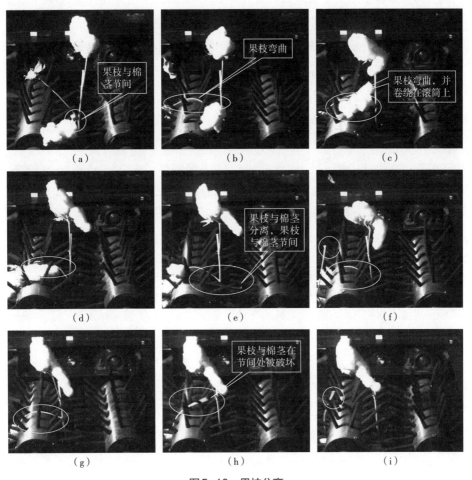

图5-10　果枝分离

响，甚至导致采棉机无法正常工作。因此，滚筒转速必须控制在合理的范围内，以避免采摘中果枝的破坏。

第三节　结论

（1）在胶棒滚筒采摘棉花过程中，胶棒的打击力、胶棒与棉纤维的摩擦力是籽棉能够被采摘下来的主要因素，通过高速摄像的回放，籽棉是受到胶棒多次的打击、夹持、摩擦等作用才能与铃壳分离，甚至必须在胶棒破坏铃壳与果蒂的连结后，才能实现籽棉的采摘。适度的打击力、摩擦力和打击次数是保证籽棉能够被采摘干净的关键，而胶棒滚筒的转速、胶棒轴向间距、采棉机行走速度是影响打击力和打击次数的主要因素。要获得能够满足棉花收获要求的采摘性能，对上述参数需要通过实验进一步研究及优化。

（2）通过实验可以明确，利用胶棒滚筒采摘棉花，要获得较高的采净率而不带杂质是不可能的。其中，部分脱落的棉叶与棉花附着在一起，会随同籽棉一起被采摘，棉株上剩余的棉叶与茎枝连结力很小，因此，大多数也会与籽棉一同被采摘；部分铃壳在受到胶棒反复打击后，发生疲劳破坏，会与果蒂分离，混入籽棉成为杂质，实际上，由于籽棉受到铃壳的包裹，要想获得较高的采净率，必须破坏铃壳与果蒂的连结；在胶棒的多次打击下，一些细小的果枝和叶枝也会被破坏，随同籽棉一同进入棉箱形成杂质。因此，采摘下来的籽棉必然包含一定的棉叶、铃壳、叶柄甚至一些细小的枝秆。但是，完整的棉铃以及果枝（大杂）被采摘下来，会对输送系统带产生严重影响，甚至导致采棉机无法正常工作，应当避免。

（3）果枝类型对采摘时的分离形式也有较大影响，实验观察表明，零式果枝仅可能出现棉花与铃壳分离、铃壳与果蒂分离两种形式。有限果枝或无限果枝在节间长度小于10cm时（即Ⅰ、Ⅱ型果枝），除前两种分离形式外，当转速较高时，出现棉铃与果枝分离情况；当果枝节间长度大于10cm（即Ⅲ、Ⅳ型果枝），滚筒转速600r/min以上，一些较细的果枝出现果枝与棉茎分离情况。因此，棉株株型越紧凑，果枝破坏程度越小，越有利于胶棒滚筒采摘棉花。棉株的紧凑度与棉花品种和种植密度有关[19]，适合胶棒滚筒采棉机的棉花品种及种植密度有待进一步研究。

（4）滚筒转速越高棉瓣被拉伸程度越大，虽然有利于籽棉采摘，但增加了完整棉瓣被撕裂成小团籽棉的比例。完整籽棉被破坏成为小团籽棉，会降低收购籽棉的等级，从而降低棉花的经济效益。因此，滚筒转速必须控制在合理的范围内。

第四节　本章小结

（1）设计、制作了小型胶棒滚筒棉花采摘头测试实验台，并以此搭建了高速摄像实验平台，为胶棒滚筒棉花采摘头的棉花采摘高速摄像提供了测试平台。

（2）通过对高速摄像的结果判读，将棉花各部分在胶棒滚筒作用下的分离形式归纳为籽棉从铃壳中分离、铃壳与果蒂分离、棉铃与果枝分离、果枝与棉茎分离四种类型。分析了胶棒滚筒采摘棉花时，棉花各部分破坏的原因，阐述了棉花的采摘机理及杂质的形成机理。高速摄像判读结果对理论分析、计算机仿真结果进行了检验，也方便和清晰地观察到胶棒滚筒采摘棉花的作业效果，为后续实验研究奠定了基础。

参考文献

［1］马清亮. 滚筒式软摘锭采棉机采摘头分离性能实验研究［D］. 石河子：石河子大学，2011.

［2］李勇. 胶棒滚筒式采棉机摘辊采摘机理的研究［D］. 石河子：石河子大学，2011.

［3］于海业，马成林，马旭. 小麦种子在输种管内运动状态的观察与分析［J］. 农业机械学报，1996，27（S1）：58-61.

［4］师清翔，刘师多，姬江涛. 控速喂入柔性脱粒机理研究［J］. 农业工程学报，1996，

12（2）：173–176.

［5］廖庆喜，邓在京. 高速摄影在精密排种器性能检测中的应用［J］. 华中农业大学学报，2004，23（5）：570–573.

［6］李丽勤. 高速摄像目标提取跟踪系统研究与应用［D］. 北京：中国农业大学，2004.

［7］廖庆喜. 免耕播种机锯切防堵装置的高速摄影分析［J］. 农业机械学报，2005，36（1）：46–49.

［8］杨丹彤. 甘蔗人工砍切过程的仿真方法探讨［J］. 农机化研究，2004（6）：45–48.

［9］高建民. 甘蔗螺旋扶起机构的理论研究及虚拟样机仿真［J］. 农业工程学报，2004，20（3）：1–5.

［10］刘孝民，桑正中. 逆转旋耕抛土刀片实验研究［J］. 佳木斯工学院学报，1998，16（1）：1–5.

［11］衣淑娟，蒋恩臣. 轴流脱粒与分离装置脱粒过程的高速摄像分析［J］. 农业机械学报，2008，39（5）：52–55.

［12］陈进，边疆，李耀明，等. 基于高速摄像系统的精密排种器性能检测实验［J］. 农业工程学报，2009，25（9）：90–95.

［13］刘宏新，王福林. 立式圆盘排种器工作过程的高速影像分析［J］. 农业机械学报，2008，39（4）：60–64.

［14］王在满，罗锡文，黄世醒，等. 型孔式水稻排种轮充种过程的高速摄像分析［J］. 农业机械学报，2009，40（12）：56–61.

［15］马瑞峻，王凯湛，马旭，等. 穴盘水稻秧苗通过分秧滑道的高速摄像分析［J］. 农业机械学报，2011，42（10）：84–89.

［16］王吉奎，郭康权，吕新民，等. 改进型夹持式棉花穴播轮排种过程高速摄像分析［J］. 农业机械学报，2011，42（10）：75–78.

［17］牟向伟，区颖刚，吴昊，等. 甘蔗叶鞘在弹性剥叶元件作用下破坏高速摄影分析［J］. 农业机械学报，2012，43（2）：85–89.

［18］王静，廖庆喜，田波平，等. 高速摄像技术在我国农业机械领域的应用［J］. 农机化研究，2007，29（1）：184–186.

［19］中国科学院农业机械化研究所，情报资料室. 棉花收获机械译文集［M］. 北京：机械工业出版社，1960.

［20］王荣栋，尹经章. 作物栽培学［M］. 北京：高等教育出版社，2005.

第六章

胶棒滚筒棉花采摘头的实验研究

棉花机械化收获是一项技术性、季节性很强的工作，收获条件严格，收获前期准备工作繁重，并且棉花收获期短，适合机械收获的时间一般仅有十天左右[1,2]。棉花收获实验容易受到场地、气候、机械可靠性等外部因素的影响，并且存在测试部件的结构和参数不易调整，测试仪器安装调试困难、易受到干扰、实验数据不便测量等诸多问题。室内进行台架实验，则有实验条件可控，数据可比性强、信息量大、测试方法先进、部件的结构参数可变的优势，可有效提高实验研究的效率和准确性，缩短整个研究周期。因此，根据项目研究的目的，设计制作了胶棒滚筒棉花采摘头收获性能实验台，并根据实验目的开展实验研究。国内外对胶棒滚筒采棉机甚至是类似机型有关采摘性能实验研究文献很少，关于采摘头的结构参数、工作参数对棉花采收性能影响的研究未见报道，要获得胶棒滚筒棉花采摘头的实际采收性能，需要在本实验台上做大量的实验研究工作。

实验研究是探究胶棒滚筒棉花采摘头关键部件工作性能与主要影响因素之间的关系及其变化规律，解决理论分析和仿真无法完成的问题，同时也是对理论模型和仿真的模型的实际验证，从而构建起理论模型与实际效果之间的相互联系，达到理论指导实践，实践完善理论的目的。

本章主要研究内容：①根据机采棉农艺要求和胶棒滚筒棉花采摘头田间作业实际过程，设计一套工作可靠、实验参数可调可控、检测准确、操作方便的采摘头性能测试实验台，为开展实验研究工作提供物理条件。②采用实验设计与分析的方法对胶棒滚筒棉花采摘头采摘性能进行二次正交旋转实验设计，并开展相应实验。利用Design-Expert软件进行分析，得到实验因子滚筒转速、采棉机行走速度和滚筒上胶棒轴向间距对性能指标棉花采净率、撞落棉损失率和含杂率的影响规律。以满足棉花收获的农业技术要求为约束条件，进行模型优化，寻找到满足性能指标的因子最优组合，并进行验证实验，为采棉机的田间实验奠定基础。

第一节　胶棒滚筒棉花采摘头实验台

　　胶棒滚筒棉花采摘头性能实验台是为了进行棉花采摘关键部件工作性能实验研究而设计的室内专用实验设备。实验台是按照各部件实验研究的内容要求来设计的，主要由机械部分（包括采摘头实验台、棉株输送装置、籽棉风送装置、集棉箱等）、动力驱动部分、测控系统（包括测控软件和变频器、传感器、RS232/485模块等硬件部分）和计算机等部分组成。

一、实验台的结构

　　胶棒滚筒棉花采摘头性能实验台总体结构如图6-1所示，主要部件装置如图6-2所示。

　　胶棒滚筒棉花采摘头性能实验台的工艺路线：先把田间成熟棉株沿子叶节剪断装袋运回实验室。实验时，将棉株插入输送带棉株夹具里用锁紧机构夹紧，输送带上棉株夹具按机采棉种植模式66cm + 10cm排列，株距10cm。工作时，首先调整好采摘头滚筒转速，待采摘头运转平稳后，开启输送风机。然后，调整输送带转速至测试所需转速，开启棉株输送带电机，实验台模拟田间采摘头工作，棉株进入采摘头后，棉花被采摘头工作部件采摘后经采摘头两侧风力输送至集棉箱，当完全采摘后的棉株由输送带传输到输送带下部，先关闭输送带，然后再依次关闭风机、采摘头滚筒电机，结束实验。收集实验数据，并做记录。清理实验台，准备下一次实验。

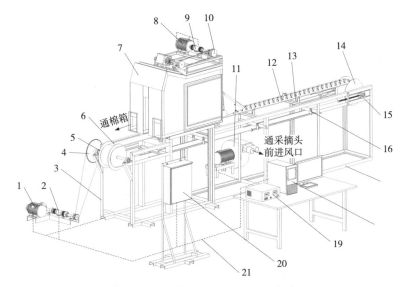

图6-1 胶棒滚筒棉花采摘头性能实验台

1—输送带电机 2—输送带传感器 3—后支撑框架 4—输送带传动系统 5—输送带主动轮毂
6—输送带 7—采摘头 8—采摘头电机 9—采摘头传感器 10—采摘头传动系统 11—风机系统
12—棉株夹具 13—托带轮 14—输送带从动轮毂 15—输送带张紧机构 16—下托带导槽装置
17—前支撑框架 18—计算机系统 19—测控仪器 20—变频器控制柜 21—串口总线及电缆线

（a）棉花输送带及棉株夹具

（b）输送带张紧装置

（c）棉花输送带动力及测试系统

（d）采摘头动力及测试系统

图6-2 实验台关键部件

二、实验台测控系统

胶棒滚筒棉花采摘头实验台测控系统采用数据采集模块和串口总线相结合的硬件结构模式。以PC机作为人机交互平台，实现实验台各传动系统控制指令的发送、实时工作状态的检测。整个实验台硬件系统由三相异步电机、扭矩传感器（北京三晶JN338A，输出方波信号）、富凌变频器（DZR300系列变频器，交流电380V，RS485接口）、RS485总线数据采集（7路隔离测频）、RS232/485转接模块、稳压电源（DC +24V）等部分组成。

基于LabVIEW语言开发了胶棒滚筒棉花采摘头实验台测控系统，实现PC机与变频器、转速扭矩传感器的通信，主要包括人机交互和应用管理两个模块。人机交互模块主要是设计一个良好的交互式程序界面，通过该界面可以在PC端设定及显示实验台传动系统的参数，如图6-3所示。应用管理模块主要是实现交流电机启停控制、实验台实时工作状态监测、数据保存等功能，开发了变频器控制模块、传感器时间采集模块、文件保存模块，各模块程序框图见图6-4。

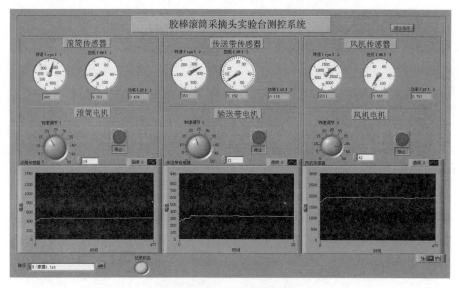

图6-3　实验台测控系统界面

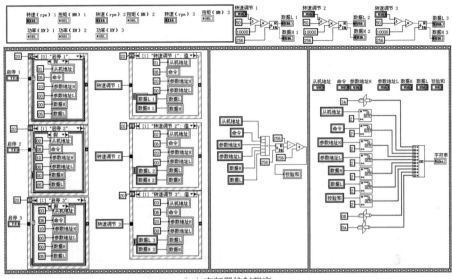

（a）变频器控制程序

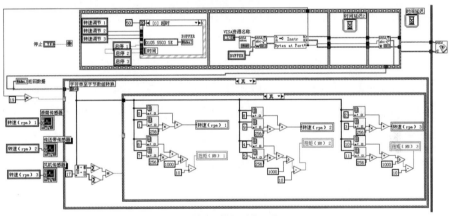

（b）传感器数据采集程序

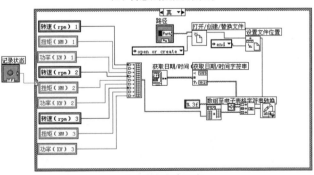

（c）数据保存程序

图6-4　实验台测控程序框图

三、实验台工作流程

本章实验均通过胶棒滚筒棉花采摘头性能测试实验台完成，每组实验操作步骤如下：

（1）实验前，从每批样品中随机抽取20株棉株上的吐絮棉铃，测量单铃重和含水率，并求平均值。

（2）将采集的棉株依次插入输送带上固定棉株的夹具中，并用锁紧螺钉夹紧。每组实验按夹具排列形式（机采棉种植模式）安装棉株100株，输送带棉行长度5m。统计输送带上棉株吐絮棉铃总数，根据单铃重，计算应收籽棉产量。然后手动调整输送带位置，使全部棉株位于输送带下方，在实验中，棉株在进入采摘头前具有一定的缓冲区，保证采摘过程中行走速度平稳，如图6-5所示。

（3）实验开机前，按照实验计划，在采摘头上安装相应实验滚筒，通过控制程序设定滚筒转速、输送带转速和风机转速。首先，开启采摘头滚筒电机，然后开启风机电机，待系统运转稳定后，开启输送带电机开始采摘实验。当输送带上棉株重新运行到输送带底部时，首先关闭输送带电机，然后依次关闭风机电机、滚筒电机。实验测试过程如图6-6所示。

（4）手动调整输送带位置，使全部棉株位于输送带上方，收集输送带上棉株上的遗留棉、挂枝棉，同时收集实验中的撞落棉，分别清理出干净籽棉，称重装入样品袋中，贴上相应标签。按照国标规定计算采净率、撞落棉损失率，过程如图6-7、图6-8所示。

（5）按要求分层分区从棉箱中取出采摘下来的籽棉样品5次，不少于1000g，按照国标规定测定含杂率，过程如图6-9、图6-10所示。

（6）每次实验后，清理实验台上棉株及周围杂质，清空棉箱。准备下一次实验。

图6-5　实验准备　　　　　　　　　图6-6　实验测试

图6-7　测量采净率

图6-8　收集遗留棉

图6-9　棉箱取样

图6-10　测量含杂率

四、实验台技术指标

胶棒滚筒棉花采摘头性能实验台主要技术指标见表6-1。

表6-1　主要技术指标

项目		技术指标
作业行数		1
外形尺寸（长×宽×高）/（mm×mm×mm）		7450×1620×2580
适应采摘行距 /cm		66+10
采摘头	采摘头个数 / 个	1
	采摘头配套动力 /kW	4
	滚筒转速 /（r·min⁻¹）	0 ~ 900 可调
	采摘头配套变频器 /kW	4.5
	采摘头摘辊数 / 个	2

续表

项目		技术指标
采摘头	滚筒长度 /mm	1130
	滚筒安装角度 / (°)	30
	胶棒圆周排数 / 排	10
输送装置	输送带滚筒直径 /mm	280
	输送带速度 / (km · h^{-1})	0 ~ 6.9 可调
	输送带配套动力 /kW	2.2
	输送带配套变频器 /kW	3
	输送带宽度 /mm	260
风机	风机类型	离心式
	风机转速 / (r · min^{-1})	2800
	风机配套动力 /kW	4
	风机配套变频器 /kW	4.5

第二节　胶棒滚筒棉花采摘头的实验

一、实验材料与方法

1. 实验材料

实验材料及采集方法同第五章，样品采集时间为2011年10月2日至10月15日。为防止棉株在采集后含水率快速下降，在田间采集棉株时，棉株沿子叶节处剪下，使用黑色塑料袋包裹密封运回实验室备用。每批试样在采样后48h内完成实验。实验在新疆生产建设兵团农业机械重点实验室收获机械实验室内进行。

2. 仪器

胶棒滚筒棉花采摘头采摘性能测试实验台、Canon 500D单反数码相机(佳能中国，有效像素1510万)、MA45快速水分测定仪（德国Sartorius，量程0 ~ 45g,

精度0.001g，可度性0.01%，温度设定40～160℃），SPS402F精密电子天平（美国Ohaus Scout Pro，量程0～400g，精度0.01g）、AR847数显式温湿度测试仪（中国香港希玛，温度：量程–10～50℃，精度0.1℃；湿度：量程5.0%～98%RH，精度3%RH）、AR836⁺数显式风速仪（中国香港希玛，量程0.3～45m/s，精度0.1m/s）、DT–2234C数字式转速表（中国TondaJ，量程2.5～99999r/min；分辨力0.1r/min）等。

3. 实验方法

（1）因子参数及性能指标的选取。

①影响因素的选取。为了满足胶棒滚筒采棉机采摘棉花的收获性能，通过理论分析和预备实验，确定胶棒滚筒棉花采摘头实验的各影响参数范围为：滚筒转速282～618r/min，采摘头实验台行走速度（输送带速度）2～4km/h，滚筒胶棒间的距离30～55mm。

②响应指标的选取。由于我国还没有制订统收式棉花收获机械性能实验方法的国家标准[3-7]，实验参照农业农村部NY/T 1133—2006采棉机机作业质量和GB/T 21397—2008棉花收获机的标准，确定棉花采净率、含杂率、撞落棉损失率是衡量采棉机收获性能重要的指标。同时，考虑到胶棒滚筒采棉机收获过程中会采收较多的杂质，参考国外同类型采棉机的相应指标[8-10]，确定胶棒滚筒采棉机采收实验的响应指标为采净率（大于93%）、撞落棉损失率（小于2.5%）、含杂率（小于18%）。

（2）响应指标测定。参照农业农村部NY/T 1133—2006采棉机机作业质量和GB/T 21397—2008棉花收获机的标准，确定棉花采净率、撞落棉损失率、含杂率的测定方法如下。

①采净率、撞落棉损失率测定。在采收前测定实验台输送带上棉株吐絮棉铃总数，计算出开裂棉铃的籽棉总质量。采收后收集落地棉、挂枝棉、遗留采棉，清除杂质，并分别称重。按式（6-1）、式（6-2）分别计算：

$$H = \frac{W - W_z - W_1 - W_g}{W} \times 100\% \qquad (6-1)$$

式中：H——采净率，%；

W——实验样本长度吐絮棉铃籽棉的总重量，g；

W_z——实验中撞落在地的籽棉重量，g；

W_l——遗留在吐絮棉铃内未被采收的籽棉质量，g；

W_g——挂在棉株上的籽棉质量，g。

$$H_z = \frac{W_z}{W} \times 100\% \qquad (6\text{-}2)$$

式中：H_z——为撞落棉损失率。

②含杂率测定。采收后，在棉箱的不同部位随机抽取5份籽棉样品，质量不少于1000g，每份样品分别拣出棉叶、枝秆（主要为叶秆、果柄）、铃壳等杂质，所有杂质的质量总和为样品中的杂质总质量，如图6-11、图6-12所示。按式（6-3）计算含杂率，每次实验的含杂率为5份样品的平均值。

$$D = \frac{Z_{sy} + Z_{jg} + Z_{lk}}{G_y} \times 100\% \qquad (6\text{-}3)$$

式中：D——含杂率，%；

G_y——棉箱取样样品质量，g；

Z_{sy}——样品中拣出棉叶的质量，g；

Z_{jg}——样品中拣出茎秆的质量，g；

Z_{lk}——样品中拣出铃壳的质量，g。

图6-11　清理杂质　　　　　　　图6-12　籽棉中的主要杂质

二、采摘性能的二次正交旋转组合设计

1. 实验因素水平编码

考虑到棉花收获实验的复杂性，本章采用二次正交旋转组合设计实验方案，

研究各棉花收获中影响因素不同的实验组合对响应指标的影响。二次正交旋转组合设计实验是根据正交性和旋转性从全面实验中挑选出具有代表性的点进行实验，是研究多因子多水平的一种高效、经济的实验设计方法。这种方法不但实验规模小、计算简便，而且与实验中心点距离相等的球面上各点回归方程预测值的方差相等。实验选取滚筒转速、行走速度和胶棒轴向间距三个影响因素进行多因子实验，以采净率、撞落棉损失率、含杂率为响应指标，按三因子五水平安排实验，制订的因子水平编码见表6-2[11,12]。

表6-2　因子水平编码

编码值	滚筒转速 / (r · min⁻¹)	行走速度 / (km · h⁻¹)	胶棒轴向间距 / mm
上星号臂（1.68）	618	4.00	55
上水平（1）	550	3.60	50
零水平（0）	450	3.00	42.5
下水平（-1）	350	2.40	35
下星号臂（-1.68）	282	2.00	30

2. 实验方案与实验结果

根据表6-2，制订二次正交旋转组合设计的实验方案，得到实验方案及结果见表6-3。

表6-3　二次旋转正交组合实验方案及结果

实验序号	影响因素			响应指标		
	滚筒转速 x_1/ (r · min⁻¹)	行走速度 x_2/ (m · s⁻¹)	胶棒轴向间距 x_3/mm	采净率 y_1/%	撞落棉损失率 y_2/%	含杂率 y_3/%
1	-1	-1	-1	92.92	0.52	17.75
2	1	-1	-1	97.13	0.69	25.85
3	-1	1	-1	87.96	0.74	18.72
4	1	1	-1	91.21	2.21	22.02
5	-1	-1	1	84.93	0.68	17.42
6	1	-1	1	93.21	1.89	18.81

实验序号	影响因素			响应指标		
	滚筒转速 $x_1/(\text{r}\cdot\text{min}^{-1})$	行走速度 $x_2/(\text{m}\cdot\text{s}^{-1})$	胶棒轴向间距 x_3/mm	采净率 $y_1/\%$	撞落棉损失率 $y_2/\%$	含杂率 $y_3/\%$
7	−1	1	1	84.13	3.82	16.14
8	1	1	1	90.26	5.64	18.75
9	−1.68	0	0	78.68	0.57	18.22
10	1.68	0	0	88.21	2.82	26.58
11	0	−1.68	0	97.52	0.46	18.53
12	0	1.68	0	91.64	3.63	14.27
13	0	0	−1.68	96.09	0.71	21.58
14	0	0	1.68	92.32	2.41	13.54
15	0	0	0	95.08	1.23	16.34
16	0	0	0	96.28	0.79	16.14
17	0	0	0	96.64	1.23	17.09
18	0	0	0	95.32	1.37	17.51
19	0	0	0	94.96	1.03	18.06
20	0	0	0	95.45	0.95	16.45

三、实验结果分析

1. 各因子对采净率的影响

根据表6-3的实验数据，应用 Design-Expert 8.0.6 软件得出采净率的方差分析结果，由"Prob>F"检验可知，模型极显著，各因素在0.05以上水平显著，剔除不显著项，结果见表6-4。

在该情况下，x_1、x_2、x_3、x_1x_3、x_2x_3、x_1^2 是模型的显著项。由分析可知，各影响因素对采净率影响的显著性顺序从大到小依次为滚筒转速、行走速度和胶棒轴向间距，得出影响采净率的三个影响因素编码值与响应指标的回归方程为式（6-4）：

$$y_1 = 94.91 + 2.77x_1 - 1.80x_2 - 1.69x_3 + 0.87x_1x_3 + 0.89x_2x_3 - 4.27x_1^2 \quad (6-4)$$

（1）单因素对采净率的影响。分别将滚筒转速、行走速度和胶棒轴向间距中的两个因素确定在零水平，得到各单因素的变化对采净率的影响。如图6-13所示，当滚筒转速逐渐增大时，采净率先增大后减小，当滚筒转速x_1在0.2r/min水平附近时，采净率达到最大值；而行走速度和胶棒轴向间距逐渐增大时，采净率均逐渐降低。

表6-4 各影响因素对采净率的方差分析

来源	平方和	自由度	F值	P值（显著性）
模型	467.49	6	76.32	< 0.0001
x_1	105.16	1	103.02	< 0.0001
x_2	44.02	1	43.12	< 0.0001
x_3	38.84	1	38.04	< 0.0001
$x_1 x_3$	6.04	1	5.91	0.0302
$x_2 x_3$	6.35	1	6.22	0.0268
x_1^2	267.07	1	261.62	< 0.0001
误差	2.32	5		
总值	480.76	19		

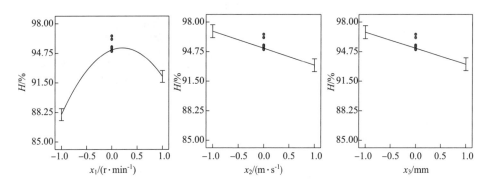

图6-13 各影响因素对采净率的影响

（2）影响因素交互作用对采净率的影响。由图6-14可知，当行走速度在水平方向上的速度为0（x_2 = 3km/h = 0.833m/s）时，采净率随滚筒胶棒间距增大而减小，而随滚筒转速增大，先增大后减小。响应曲面沿x_1方向变化较快，而沿x_3方向变化较慢。在实验水平下，滚筒转速度对采净率的影响要比胶棒轴向间距对采净率的影响显著。

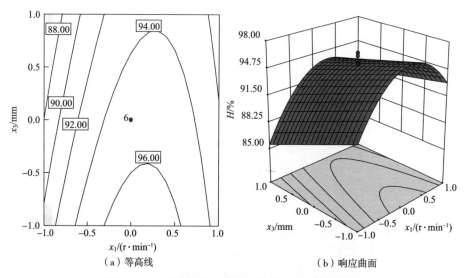

（a）等高线　　　　　　　　（b）响应曲面

图6-14　滚筒转速与胶棒轴向间距对采净率的影响

由图6-15可知，当滚筒转速在水平方向上的速度为0（$x_1 = 450$r/min）时，采净率随行走速度增大而降低，随滚筒胶棒间距增大而降低。

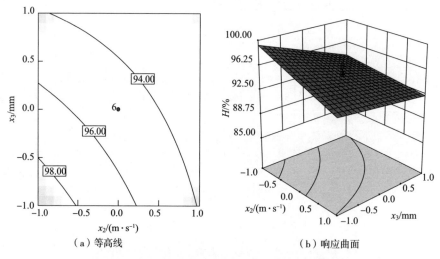

（a）等高线　　　　　　　　（b）响应曲面

图6-15　胶棒轴向间距与行走速度对采净率的影响

2. 各因子对撞落棉损失率的影响

根据表6-3的实验数据，应用Design-Expert 8软件得出撞落棉损失率的显著性方差分析结果，由"Prob > F"检验可知，模型极显著，各因素在0.05以上水平显著，剔除不显著项，见表6-5。

在该情况下，x_1、x_2、x_3、x_2x_3、x_2^2 是模型的显著项。由分析可知，各影响因素对撞落棉损失率影响的显著性顺序从大到小依次为行走速度、胶棒轴向间距和滚筒转速，得出影响撞落棉损失率的三个影响因素编码值与响应指标的回归方程为式（6-5）：

$$y_2 = 1.44 + 0.62x_1 + 1.02x_2 + 0.79x_3 + 0.64x_2x_3 + 0.34x_2^2 \qquad (6-5)$$

（1）单因素对撞落棉损失率的影响：分别将滚筒转速、行走速度和胶棒轴向间距中的两个因素确定在零水平（$x_1 = 450$r/min，$x_2 = 3$km/h，$x_3 = 42.5$mm）得到各单因素的变化对撞落棉损失率的影响。如图 6-16 所示，当滚筒转速、行走速度和胶棒轴向间距逐渐增大时，撞落棉损失率逐渐增大。其中，行走速度对撞落棉损失率影响较大，且随着行走速度加快，撞落棉损失率增加得越多。

表6-5 各影响因素对撞落棉损失率的方差分析

来源	平方和	自由度	F 值	P 值（显著性）
模型	32.93	5	27.01	< 0.0001
x_1	5.23	1	21.47	0.0004
x_2	14.27	1	58.54	< 0.0001
x_3	8.43	1	34.57	< 0.0001
x_2x_3	3.32	1	13.60	0.0024
x_2^2	1.68	1	6.87	0.0201
误差	0.23	5		
总值	36.34	19		

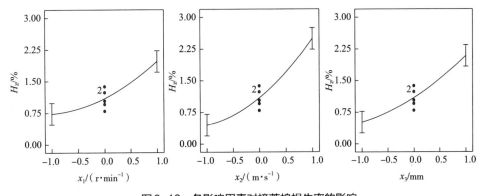

图6-16 各影响因素对撞落棉损失率的影响

（2）影响因素交互作用对撞落棉损失率的影响。由图6-17可知，当滚筒转速在零水平（x_1 = 450r/min）时，撞落棉损失率随胶棒轴向间距增大而增大，随机器行走速度增大而增大。响应曲面沿x_2方向变化较快，而沿x_3方向变化较慢。在实验水平下，行走速度对撞落棉损失率的影响要比胶棒轴向间距对撞落棉损失率的影响显著。

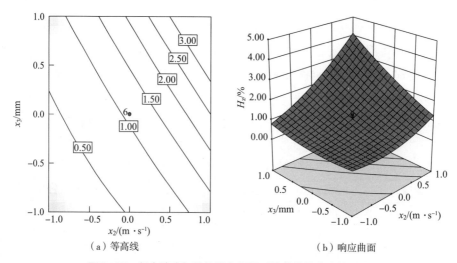

（a）等高线　　　　　　　　（b）响应曲面

图6-17　行走速度与胶棒轴向间距对撞落棉损失率的影响

3. 各因子对含杂率的影响

根据表6-3的实验数据，应用Design-Expert 8软件得出含杂率的显著性方差分析结果。由"Prob > F"检验可知，模型极显著，各因素在0.05以上水平显著，剔除不显著项，结果见表6-6。

表6-6　各影响因素对含杂率的方差分析

来源	平方和	自由度	F 值	P 值（显著性）
模型	192.24	5	38.38	< 0.0001
x_1	63.55	1	53.52	< 0.0001
x_2	9.46	1	7.96	0.0136
x_3	52.36	1	44.10	< 0.0001
$x_1 x_3$	6.84	1	5.76	0.0308

续表

来源	平方和	自由度	F 值	P 值（显著性）
x_1^2	60.02	1	50.55	< 0.0001
误差	2.84	5		
总值	208.86	19		

在该情况下，x_1、x_2、x_3、x_1x_3、x_1^2 是模型的显著项。由分析可知，各影响因素对含杂率影响的显著性顺序从大到小依次为滚筒转速、胶棒轴向间距和行走速度，得出影响含杂率的三个影响因素编码值与响应指标的回归方程为式（6-6）：

$$y_3 = 17.11 + 2.16x_1 - 0.83x_2 - 1.96x_3 - 0.92x_1x_3 + 2.02x_1^2 \qquad (6-6)$$

（1）单因素对含杂率的影响。分别将滚筒转速、行走速度和胶棒轴向间距中的两个因素确定在零水平得到各单因素的变化对含杂率的影响。如图 6-18 所示，当滚筒转速增大时，含杂率先略微减小后逐渐增大，含杂率在滚筒转速 x_1 为 -0.5 水平时最低，在 0.5 水平以上时增幅明显；当行走速度和胶棒轴向间距逐渐增大时，含杂率逐渐减小。

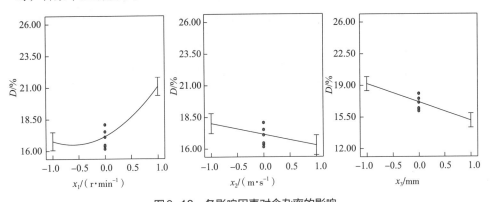

图6-18　各影响因素对含杂率的影响

（2）影响因素交互作用对含杂率的影响。由图 6-19 可知，当行走速度在零水平（x_2=3km/h=0.833m/s）时，含杂率随胶棒轴向间距增大而减小，随滚筒转速增大出现先减小后增大的情况；响应曲面沿 x_1 方向变化较快，而沿 x_3 方向变化较慢；在实验水平下，滚筒转速对含杂率的影响要比滚筒胶棒间距对含杂率的影响显著。

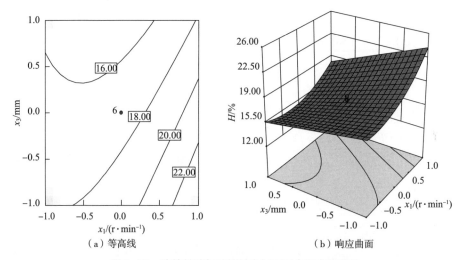

（a）等高线　　　　　　　　　　（b）响应曲面

图6-19　滚筒转速与胶棒轴向间距对含杂率的影响

四、参数优化

根据胶棒滚筒采棉机棉花采摘性能的要求，采用多目标优化方法中的主目标函数法对影响因子滚筒转速、行走速度和胶棒轴向间距进行优化，以采净率、撞落棉损失率和含杂率作为性能指标函数，应用Design-Expert 8.0.6 软件进行优化求解，从而进行模型优化，寻找到满足性能指标的因子最佳组合。

实验研究的因素变量为滚筒转速x_1、行走速度x_2、胶棒轴向间距x_3。响应变量为采净率$H(\%)$、撞落棉损失率$H_z(\%)$和含杂率$D(\%)$，响应变量的目标函数如下：

$$y_1 = 94.91 + 2.77x_1 - 1.80x_2 - 1.69x_3 + 0.87x_1x_3 + 0.89x_2x_3 - 4.27x_1^2$$

$$y_2 = 1.44 + 0.62x_1 + 1.02x_2 + 0.79x_3 + 0.64x_2x_3 + 0.34x_2^2$$

$$y_3 = 17.11 + 2.16x_1 - 0.83x_2 - 1.96x_3 - 0.92x_1x_3 + 2.02x_1^2$$

各因素和变量的取值范围为：

$$x_1 \in [-1, 1]; \ x_2 \in [-1, 1]; \ x_3 \in [-1, 1]$$

$$y_1 \in [95, 98]; \ y_2 \in [0, 2.5]; \ y_3 \in [0, 18]$$

对于胶棒滚筒棉花采摘头来说，棉花采净率追求最大值，撞落棉损失率和含杂率应满足一定的范围要求，应用Design-Expert 8.0.6软件进行优化求解，得到满足性能指标的因子最佳参数组合方案见表6-7。

表6-7 最佳参数组合方案

序号	滚筒转速 x_1/(r·min^{-1})	行走速度 x_2/(km·h^{-1})	胶棒轴向间距 x_3/mm	采净率 H/%	落地棉 H_z/%	总含杂率 D/%
1	451.86	2.40	43.62	96.37	0.79	17.69
2	452.22	2.40	43.67	96.36	0.79	17.68
3	452.98	2.40	43.65	96.39	0.79	17.70
4	452.58	2.40	43.77	96.34	0.79	17.66
5	453.80	2.40	43.82	96.36	0.80	17.67

通过上述优化获得了采摘性能影响因素最优工作参数组合，综合上述优化结果进行验证实验，取滚筒转速450r/min，行走速度2.4km/h、胶棒轴向间距44mm。为了消除随机误差，进行5次重复实验，实验结果见表6-8。

通过实验表明，由实验优化得出的胶棒滚筒棉花采摘头最佳工作参数组合得到的性能指标值与优化结果近似，采净率平均为95.78%，撞落棉损失率为0.89%，含杂率为17.44%，能满足棉花采摘性能的要求。

表6-8 验证实验结果

序号	滚筒转速 /(r·min^{-1})	行走速度 /(km·h^{-1})	胶棒轴向间距 /mm	采净率 H/%	落地棉 H_z/%	总含杂率 D/%
1				96.37	0.76	18.34
2				95.83	0.83	17.18
3	450	2.40	44	95.77	0.91	17.21
4				96.31	0.87	16.94
5				94.64	1.06	17.53

五、结论

通过二次旋转正交实验设计得出以下结论：

（1）对采净率而言，随滚筒转速的增大，采净率先增大后减小，滚筒转速在 $0.2r \cdot min^{-1}$ 水平附近时，采净率达到最大值；行走速度和胶棒轴向间距逐渐增大时，采净率均逐渐降低，且滚筒转速度对采净率的影响要比胶棒轴向间距对采净率的影响显著。

（2）对撞落棉损失率而言，滚筒转速、行走速度和胶棒轴向间距逐渐增大时，撞落棉损失率均逐渐增大，行走速度越快，撞落棉损失率增加得越大，且行走速度对撞落棉损失率的影响要比胶棒轴向间距对撞落棉损失率的影响显著。

（3）对含杂率而言，滚筒转速增大，含杂率先略微减小后逐渐增大，行走速度和胶棒轴向间距逐渐增大时，含杂率逐渐减小，且滚筒转速对含杂率的影响要比滚筒胶棒间距对含杂率的影响显著。

（4）根据二次正交旋转组合实验设计结果，建立滚筒转速、行走速度、胶棒轴向间距与采净率、撞落棉损失率和含杂率间的函数表达式，以采净率最高、撞落棉损失率最低、含杂率最低为优化目标建立多目标优化，得出最佳滚筒转速、行走速度、胶棒轴向间距组合，通过实验验证了优化结果的合理性。

第三节　本章小结

（1）根据机采棉农艺要求和胶棒滚筒棉花采摘头田间作业实际过程，设计并制作了胶棒滚筒棉花采摘头棉花采摘性能综合实验台，基于LabVIEW语言开发了用于控制和监测实验台各个传动系统的测控软件，为开展实验研究工作提供物理条件。

（2）在实验台上进行二次正交旋转组合实验，以滚筒转速、采摘行走速度和滚筒上胶棒轴向间距为影响因子，以棉花采净率、撞落棉损失率、含杂率为棉花采摘性能指标，应用Design-Expert软件进行实验数据的处理与分析。以棉花收获农艺要求为约束条件，进行模型优化，寻找到满足性能指标的优化参数，并进行了验证实验，结果表明优化结果满足棉花采摘性能指标。

参考文献

［1］陈发，阎洪山，王学农，等．棉花现代生产机械化技术与装备［M］．乌鲁木齐：新疆科学技术出版社，2008.

［2］周亚立，刘向新，闫向辉．棉花收获机械化［M］．乌鲁木齐：新疆科学技术出版社，2012.

［3］中华人民共和国国家质量监督检验检疫总局，中国国家标准化管理委员会．棉花收获机：GB/ T 21397—2008［S/OL］.［2008-02-03］. http://www.doc88.com/p-8061549889893.html.

［4］中华人民共和国国家质量监督检验检疫总局，中国国家标准化管理委员会．原棉含杂率实验方法：GB/ T 6499—2012［S/OL］.［2012-11-14］. http://www.doc88.com/p-2405985954186.html.

［5］中华人民共和国农业部．采棉机作业质量：NY/T 1133—2006［S/OL］.［2006-7-10］. http://www.doc88.com/p-3582178863010.html.

［6］中华人民共和国国家质量监督检验检疫总局，中国国家标准化管理委员会．农业机械实验条件　测定方法的一般规定：GB/T 5262—2008［S/OL］.［2008-06-03］. http://www.doc88.com/p-2905310538645.html.

［7］新疆生产建设兵团农业局．采棉机作业技术规程（试行草案）［J］．新疆农机化，2002（5）：20-21.

［8］Wanjura D F, Brashears A D. Factors influencing cotton stripper performance［J］. Transactions of the ASAE, 1983, 26（1）: 54-58.

［9］Brashears A D, Hake K D. Comparing picking and stripping on the Texas high plains［C］. In Proc. Belt wide Cotton Conf. San Antonio, TX. 4-7 Jan, 1995, 652-654.

［10］Joel C F, Robert H, John B. An evaluation of alternative cotton harvesting methods in Northeast Louisiana: a comparison of the brush stripper and spindle harvester［J］. The Journal of Cotton Science, 2004（8）: 55-61.

［11］何月娥. 农机实验设计［M］. 北京：机械工业出版社，1986.

［12］Montgomery D C. 实验设计与分析［M］. 傅钰生，张健，王振羽，译. 北京：人民邮电出版社，2009.

第七章

田间实验验证

田间实验是农业机械产品设计和研制的重要组成部分[1,2]，也是样机关键工作部件结构及工作参数改进的主要依据。田间实验可以检验样机的作业性能，考核样机作业性能是否达到设计要求，还可考察样机的使用经济性、使用可靠性、性能稳定性及适应性等方面的性能，为样机的进一步改进提供依据，为机具的最终定型奠定基础。本章通过胶棒滚筒采棉机田间实验，主要达到以下目的：①考核胶棒滚筒棉花采摘头田间作业性能及作业质量；②考察胶棒滚筒棉花采摘头的田间使用适应性和结构可靠性；③通过田间实验，评估台架实验优化结果，发现胶棒滚筒棉花采摘头存在的问题，提出改进意见。

第一节　实验样机简介

一、4FS-3型胶棒滚筒式采棉机

笔者及团队成功研制了具有自主知识产权的4FS-3型胶棒滚筒式采棉机。该机可完成棉花采收、输送、大杂清除、细杂清除并输送至集棉箱的作业，且在

地头完成自动卸棉和转运。在2011年9～10月棉花收获期间，该机在新疆维吾尔自治区第八师石总场、下野地等地进行了田间实验和生产考核，通过了新疆生产建设兵团农机鉴定站组织的产品鉴定，各项主要性能指标达到了国家有关标准，收获的棉花经HVI 1000标准检验，棉花品级2～3级，实验现场如图7-1所示。

图7-1　胶棒滚筒采棉机田间实验

4FS-3型胶棒滚筒式采棉机采用背负式结构，主机结构包括胶棒滚筒棉花采摘头、采摘头分动箱、采摘头悬挂架、风机、风机分动箱、六辊清杂器、旋风清杂器、拖拉机等部件，主要工作部件除采摘头悬挂于拖拉机前部，其余部件安装于拖拉机之上，整机结构图见图7-2，图示未包括牵引式棉箱。

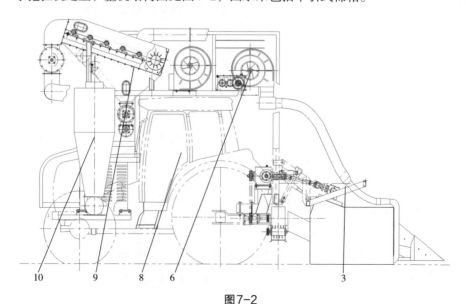

图7-2

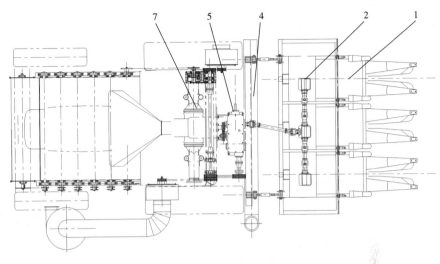

图7-2 胶棒滚筒式采棉机结构

1—采摘头 2—采摘头分动箱 3—悬挂架 4—横向输送器 5—主分动箱
6—风机 7—风机分动箱 8—拖拉机 9—六辊清杂器 10—旋风清杂器

二、4FS-3型胶棒滚筒式采棉机主要技术指标

4FS-3型胶棒滚筒式采棉机主要技术指标见表7-1。

表7-1 主要技术指标

项目	技术指标
产品规格型号	4FS-3
外形尺寸（长 × 宽 × 高）（mm × mm × mm）	5230 × 3060 × 3890
整机重量 /kg	6350
配套动力 /kW	58.8
采摘行驶速度 / (km · h^{-1})	2.4 ~ 3.6
运输行驶速度 / (km · h^{-1})	14
动力输出轴转速 / (r · min^{-1})	1000
适应采摘行距 /cm	66+10 / 68+8
采摘头个数 / 个	3
采摘行数 / 个	3

项目	技术指标
滚筒转速 / (r · min^{-1})	450
采摘头滚筒数 / 个	2
滚筒长度 /mm	1130
滚筒安装角度 / (°)	30
胶棒圆周排数 / 排	10
胶棒轴向间距 /mm	42
风机类型	离心式
风机转速 / (r · min^{-1})	2800
卸棉方式	自卸
储棉箱容积 /m^3	2.5
最低卸棉高度 /m	2.1
工作时采摘头离地间隙 /mm	50
运输时采摘头离地间隙 /mm	350

第二节　田间实验

一、实验方法及考核指标

我国目前仅针对水平摘锭式采棉机制定了棉花收获机械性能实验方法的国家标准[1-4]。该标准并不适合胶棒滚筒式采棉机，所以实验时应首先确定合理适用的实验方法。此次实验方法确定及田间情况调查依据 GB/T 5262—2008 农业机械实验条件测定方法的一般规定和 GB/T 67—2008 农业机械 生产实验方法中的规定，考核性能指标参考 GB/T 21397—2008 棉花收获机、GB/T 6499—2012 原棉含杂率实验方法和 NY/T 1133—2006 采棉机作业质量中的相关规定执行，并结合国外同类型采棉机的结构特点、工作原理、设计参数以及作业性能和实际检测经验，制定了胶棒滚筒式采棉机的作业性能考核指标及实验方法。

1. 作业条件

采棉机的作业质量指标值是按下列一般作业条件确定：

（1）棉花种植模式必须符合采棉机采收的要求，待采棉田的地表应较平坦，无沟渠、较大的田埂，便于采棉机通过，无法清除的障碍物应做出明显标记。

（2）采摘时棉花脱叶率应在85%以上，棉铃的吐絮率应在90%以上，籽棉含水率不大于12%，棉株上应无杂物，如杂草、塑料残物、化学纤维残条等。

（3）棉花生长高度在65cm以上，最低结铃离地高度应大于18cm，不倒伏。

2. 作业性能指标

作业性能指标见表7-2。

表7-2　作业性能指标

序号	项目	指标
1	采净率 /%	≥ 95
2	落地棉损失率 /%	≤ 2.5
3	籽棉含杂率 /%	≤ 18
4	采收后棉花含水率 /%	≤ 12

二、作业条件及性能指标测定

1. 测区选择

（1）实验地应符合被检机型的适用范围，其棉花品种、产量及地块大小在当地应具有一定的代表性，能够满足各检验项目的测定要求，实验地棉花种植模式必须符合采棉机采收的技术要求。实验地应选择长度200m、宽度50m以上的地块，实验作物符合棉花收获作业条件的要求。

（2）随机选一地块，沿地块长宽方向对边的中点线连十字线，把地块划成4块，随机选对角的2块作为检测样本。沿检测样本（地块）的对角线，从地角算起以1/4、3/4点处为测点，确定出4个检测点的位置，再加上两个检测样本的交点，共5个被测点，每个测点采样长度10m。

2. 作业条件测定

（1）棉株生长情况。在各测点内随机取10株棉株，测定棉株自然高度、自然宽度、棉株上最高棉铃高度、最低棉铃高度、棉株主径直径，计算平均最低、最高棉铃高度和棉株直径。

（2）自然落地棉的测定。在各测点内分别收集自然落地的籽棉并称重，计算平均单位面积自然落地棉质量。

（3）棉铃吐絮率、脱叶率、单铃重和籽棉产量测定。在各测点内沿前进方向连续测20株棉株上的吐絮棉铃、总棉铃、已脱落的叶片、总叶片的个数，计算平均吐絮率和脱叶率；采下吐絮棉并除杂称重，求平均吐絮棉单铃重；测定测点内棉株数，计算应收籽棉产量，5个测点平均。

（4）行距测定。在各测点内连续测量相邻两行棉株之间的距离。同时在各测点依次连续测量10株棉花的株距，计算行距的一致性。

（5）籽棉含水率的测定。用快速水分测定仪测定籽棉含水率。

田间作业条件测定如图7-3所示。

图7-3　作业条件测定

3. 作业性能指标测定

（1）作业速度测定。在测试点前后，应有20m的稳定区，采棉机按正常作业速度进行采收，作业速度保持一致，测定采棉机通过20m测区的时间并按式（7-1）计算：

$$v_{\mathrm{m}} = 3.6 \times \frac{L}{t} \qquad (7\text{-}1)$$

式中：v_{m}——采棉机作业速度，km/h；

　　　L——测区长度，m；

　　　t——采棉机通过测区的时间，s。

（2）采净率、落地棉损失率测定。在采收前测定实验区域的棉株数及开裂棉铃总数，计算出开裂棉铃的籽棉总质量。清理自然落棉及地上枯枝。采收后收集落地棉、挂枝棉、漏采棉除杂后，分别称重。按式（7-2）、式（7-3）分别计算：

$$J = \frac{G - G_z - G_l - G_g}{G} \times 100\% \qquad (7-2)$$

式中：J——采净率，%；

G——开裂棉铃的籽棉总重量，g；

G_z——撞落在地的籽棉重量，g；

G_l——遗留在铃壳内未被采收的开裂籽棉质量，g；

G_g——挂在棉株上的籽棉质量，g。

$$J_1 = \frac{G_z}{G} \times 100\% \qquad (7-3)$$

式中：J_1——落地棉损失率，%。

（3）含杂率测定。从采棉机棉箱分层分区中分5次取不少于1000g籽棉样品。拣出碎叶、枝秆（主要为叶秆、果柄）、铃壳、草籽、异性纤维（杂草、破碎地膜）等杂质，所有杂质的质量总和为样品中的杂质总量。按式（7-4）计算含杂率：

$$Z = \frac{W_{sy} + W_{jg} + W_{lk} + W_{zc}}{W_y} \times 100\% \qquad (7-4)$$

式中：Z——含杂率，%；

W_{sy}——样品中拣出碎叶的质量，g；

W_{jg}——样品中拣出茎秆的质量，g；

W_{lk}——样品中拣出铃壳的质量，g；

W_{zc}——样品中拣出杂草等杂质的质量，g。

4. 棉花品质检验

实验测试为北疆地区，棉花为细绒棉。棉花纤维品质检验按国家相关检测标准执行[7]。检验项目为HVI 1000棉花纤维品质检测。

三、实验所需设备、仪器

实验所需设备及仪器有：4FS-3型胶棒滚筒式采棉机、AR836⁺数显式风速仪、AR847温湿度仪、DT-2234C数字式转速表、电子秤、普通磅秤，秒表、卷尺、皮尺、标杆、各色线绳、快速水分测试仪、样品袋、不干胶标贴、标杆、各色线绳等。

四、田间实验棉花种植情况检测

选取石河子垦区石总场六分场地块作为实验区，机采棉品种为新陆早26，采用机采棉种植模式。种植技术规范为：采用气吸式精量播种机播种，两膜十二行单膜行距10cm + 66cm + 10cm + 66cm + 10cm机采棉种植方式，666.7m²保苗1.6万株左右。棉秆高度控制在65～85cm（采用人工、机械打顶及化控），8月中上旬打顶，9月中下旬喷洒脱叶剂，测试时间2012年10月2日至10月10日，采样时吐絮率大于90%，脱叶率大于85%。采摘作业前清理田间杂草和自然落地棉[13]。

实验区基本条件见表7-3，棉花基本特性见表7-4。

表7-3　实验区基本条件

序号	项目	测定数据
1	实验地点	石总场六分场
2	土壤质地	壤土
3	土地条件	铺膜滴灌地
4	种植模式 /cm	66+10
5	棉田湿度 /%	7.7
6	平均风速 /（m·s⁻¹）	0.3
7	室外温度 /℃	23

表7-4　实验区棉花基本特性

测试内容	测试结果
平均株高 /mm	720
棉株直径 /mm	9.2

续表

测试内容	测试结果
下部棉铃位置 / mm	> 180
棉铃沿主茎分布位置 /mm	180 ~ 850
平均每株棉铃个数 / 个	5.79
单铃重 /g	6.05
株型特征	I
脱叶率 / %	85
吐絮率 / %	> 90
棉絮平均含水率 / %	6.94

第三节 实验结果与分析

实验测试基本参数：采棉机行走速度2.4km/h，滚筒转速450r/min，胶棒间距44mm。每个测区测试5次。新陆早26测试结果见表7-5。测试后随机从集棉箱中选取9包籽棉样品送石河子纤维检验所检验，HVI 1000检验结果见表7-6。

表7-5 检验结果

序号	性能指标		
	采净率 /%	落地棉 /%	含杂率 /%
1	95.02	0.94	17.40
2	95.70	1.02	16.80
3	95.12	0.84	17.08
4	96.40	0.9	17.67
5	94.20	1.17	16.60

表7-6　HVI 1000检验结果

检验项目	样品号								
	1	2	3	4	5	6	7	8	9
叶屑等级	2	2	2	2	2	2	2	2	3
杂质面积比率 /%	0.21	0.35	0.18	0.16	0.13	0.11	0.28	0.21	0.28
杂质颗粒数目	30	39	39	21	19	14	30	28	40
反射率 Rd	79.79	77.34	79.83	81.61	81.29	81.33	80.67	79.06	79.51
黄度 +b	8.20	8.38	8.49	8.25	8.01	8.06	8.06	8.16	7.89
颜色等级	41	41	31	31	31	31	31	41	41
马克隆值	4.34	4.47	4.39	4.35	4.35	4.33	4.35	4.34	4.35
样本质量 /g	10.06	9.90	9.82	9.85	9.76	9.60	9.81	9.62	9.69
平均长度 /mm	27.51	28.05	27.89	26.97	27.81	27.68	27.85	27.99	27.42
整齐度 / %	80.6	81.3	81.7	81.6	81.8	80.8	81.3	82.1	81.5
短纤维指数 /%	22.6	20.8	18.4	21.1	21.0	21.2	18.7	19.5	22.2
强度（cN/tex）	26.74	28.08	29.52	27.61	29.44	28.8	30.08	29.39	28.14
伸长	5.6	5.4	5.1	5.7	5.6	5.7	5.6	5.8	5.8
成熟度	0.87	0.87	0.87	0.87	0.87	0.87	0.87	0.87	0.87
品级	3	3	3	2	2	3	3	3	2

注　检测时间：2012 年 10 月 22 日。

　　田间采摘性能实验表明，4FS-3型采棉机采净率达95.29%，撞落棉损失率0.97%，含杂率17.11%，收获性能较实验台实验值略有下降，这与田间工作条件相对恶劣有关，但各项指标均达到了设计要求。其中，采净率和撞落棉损失率两项指标高于国家标准。

　　由于我国没有制定相应的机采棉HVI 1000棉花纤维品质检验系统标准，将表7-6检测的结果与相关研究对比表明[8-10]，胶棒滚筒采棉机采摘的籽棉品质等级与手采棉比较，杂质数、杂质面积明显提高，并且纤维平均长度、整齐度、短纤维指数和强度等主要参数也比手采棉低1~2个等级，但与水平摘锭采棉机相比没有显著差别。

第四节 本章小结

以胶棒滚筒棉花采摘头为采摘部件研制的 4FS-3 型采棉机经田间实验表明，胶棒滚筒棉花采摘头棉花采净率可达 95% 以上，含杂率小于 18%，落地棉小于 2.5%，达到了设计要求，主要性能指标达到国家采棉机作业性能指标要求，采摘的籽棉经 HVI 1000 棉花纤维品质检验，籽棉品级 2～3 级。

参考文献

［1］中华人民共和国国家质量监督检验检疫总局，中国国家标准化管理委员会. 棉花收获机：GB/ T 21397—2008［S/OL］.［2008-02-03］. http://www.doc88.com/p-8061549889893. html.

［2］中华人民共和国国家质量监督检验检疫总局，中国国家标准化管理委员会. 原棉含杂率实验方法：GB/ T 6499—2012［S/OL］.［2012-11-14］. http://www.doc88.com/ p-2405985954186.html.

［3］中华人民共和国农业部. 采棉机作业质量：NY/T 1133—2006［S/OL］.［2006-7-10］. http://www.doc88.com/p-3582178863010.html.

［4］中华人民共和国国家质量监督检验检疫总局，中国国家标准化管理委员会. 农业机械实验条件 测定方法的一般规定：GB/ T 5262—2008［S/OL］.［2008-06-03］. http:// www.doc88.com/p-2905310538645.html.

［5］中华人民共和国国家质量监督检验检疫总局，中国国家标准化管理委员会，农业机械：生产实验方法：GB/ T 5667—2008［S/OL］.［2008-06-03］. http://www.doc88.com/ p-1983438010452.html.

［6］国家纤维质量监督检验中心，德州市纤维检验所. 国家HVI校准棉花：GSB 16—1909—2005［S/OL］.［2005-05-27］.

［7］中华人民共和国国家质量监督检验检疫总局，中国国家标准化管理委员会. 棉花 第1部分：锯齿加工细绒棉：GB 1103.1—2012［S/OL］.［2012-11-14］. http://www.doc88.com/p-2039891006664.html.

［8］徐红，夏鑫. 机采棉与手采棉的性能比较［J］. 纺织学报，2009，30（9）：6-10.

［9］David D M，Clarence D R. The effect of harvesting procedures on fiber and yarn quality of ultra-narrow-row cotton［J］. The Journal of Cotton Science，2005（9）：15-23.

［10］Brashears A D，Baker R V. Comparison of finger strippers brush roll strippers and spindle harvesters on the Texas High Plains［C］. In Proc. Belt wide Cotton Conf. San Antonio，TX. 4-8 Jan，2000：452-453.